浙江省住房和城乡建设领域现场专业人员岗位培训系列教材

装饰装修质量员

专业管理实务

主编 贾华琴　副主编 胡　晨

图书在版编目(CIP)数据

装饰装修质量员专业管理实务 / 贾华琴主编. —杭州：浙江工商大学出版社，2016.9(2019.5 重印)

浙江省住房和城乡建设领域现场专业人员岗位培训系列教材

ISBN 978-7-5178-1243-2

Ⅰ. ①装… Ⅱ. ①贾… Ⅲ. ①建筑装饰—工程质量—质量管理—岗位培训—教材 Ⅳ. ①TU767

中国版本图书馆 CIP 数据核字(2015)第 193127 号

装饰装修质量员专业管理实务

贾华琴 主编　胡　晨 副主编

责任编辑 王黎明
封面设计 林朦朦
责任印制 包建辉
出版发行 浙江工商大学出版社
(杭州市教工路 198 号　邮政编码 310012)
(E-mail:zjgsupress@163.com)
(网址:http://www.zjgsupress.com)
电话:0571-88904970,88831806(传真)
排　　版 杭州朝曦图文设计有限公司
印　　刷 杭州五象印务有限公司
开　　本 787mm×1092mm　1/16
总 印 张 37.75
总 字 数 1100 千
版 印 次 2016 年 9 月第 1 版　2019 年 5 月第 2 次印刷
书　　号 ISBN 978-7-5178-1243-2
定　　价 120.00 元(全三册)

浙江工商大学出版社营销部邮购电话　0571-88904970

前　　言

本教材根据《建筑与市政工程施工现场专业人员职业标准》JGJ/T250—2011及与其配套的施工员(装饰装修)考核评价大纲的要求编写。本教材由浙江省建筑装饰行业协会主编,主编单位组织了业内有关专家及相关大专院校学者对教材进行编写。本书为浙江省住房和城乡建设领域现场专业人员岗位培训用书。

本书作为装饰装修施工员专业管理实务教材,力求使学员掌握施工员的专业知识,在编写过程中结合我省建筑装饰业的实际,注重理论与实践的结合,针对性和实操性较强。

本书共九章,由贾华琴任主编,胡晨任副主编,负责统稿。其中第一章由吴建挺、吴文奎编写;第二章和第三章由叶家丽、郭一雪、李楠编写;第四章由徐烯、林王剑、钱铭编写;第五章由胡晨、叶大正编写;第六章由许家瑞、李伦蔚编写;第七章由贾华琴、许必强编写;第八章和第九章由秦学、周朝杰、韩章微编写。

本书主要审查人:恽稚荣、唐晓青、章凌云、叶军献、王战、王树京、徐哲民、黄刚、楼应平、景士云、何静姿、蔡国洪、傅元宏、章建松、陈双汪等。

本书编写过程中得到了浙江省住房和城乡建设厅人教处、浙江省建筑业管理局、浙江建设职业技术学院的大力支持,谨此深表感谢。

本书编写限于时间和水平,难免有不妥甚至疏漏之处,敬请有关专家、同行和广大学员提出宝贵意见,以便进一步修订,使其不断完善。

编　者

2016年3月

目　录

第一章　装饰装修相关的管理规定和标准

本章共2节，主要介绍与装饰装修相关管理规定和标准以及建筑工程施工质量验收标准和相关规范。要求熟悉装饰装修的管理规定和标准。建筑装饰装修工程是建筑工程的组成部分。因此，建筑工程质量管理法规、规定和施工质量验收标准适用于建筑装饰工程。

第一节　建设工程质量管理法规和规定

一、实施工程建设强制性标准监督检查的内容、方式及违规处罚的规定

《实施工程建设强制性标准监督规定》于2000年8月25日中华人民共和国建设部令第81号发布，根据2015年1月22日住房和城乡建设部令第23号《住房和城乡建设部关于修改〈市政公用设施抗灾设防管理规定〉等部门规章的决定》修订。根据相关要求，具体内容如下。

（一）强制性标准监督检查的内容、方式

1.有关工程技术人员是否熟悉、掌握强制性标准。

2.工程项目的规划、勘察、设计、施工、验收等是否符合强制性标准的规定。

3.工程项目采用的材料、设备是否符合强制性标准的规定。

4.工程项目的安全、质量是否符合强制性标准的规定。

5.工程中采用的导则、指南、手册、计算机软件的内容是否符合强制性标准的规定。

6.工程建设标准批准部门应当对工程项目执行强制性标准情况进行监督检查，监督检查可以采取重点检查、抽查和专项检查的方式。

（二）强制性标准监督检查的违规处罚规定

1.建设单位有下列行为之一的，责令改正，并处以20万元以上50万元以下的罚款：

（1）明示或者暗示施工单位使用不合格的建筑材料、建筑构配件和设备的。

（2）明示或者暗示设计单位或者施工单位违反工程建设强制性标准，降低工程质量的。

2.勘察、设计单位违反工程建设强制性标准进行勘察、设计的，责令改正，并处以10万元以上30万元以下的罚款。有前款行为，造成工程质量事故的，责令停业整顿，降低资质等级；情节严重的，吊销资质证书，造成损失的，依法承担赔偿责任。

3.施工单位违反工程建设强制性标准的，责令改正，处工程合同价款2%以上4%以下的罚款；造

成建设工程质量不符合规定的质量标准的，负责返工、修理，并赔偿因此造成的损失；情节严重的，责令停业整顿，降低资质等级或者吊销资质证书。

4. 工程监理单位违反强制性标准规定，将不合格的建设工程以及建筑材料、建筑构配件和设备按照合格签字的，责令改正，处50万元以上100万元以下的罚款，降低资质等级或者吊销资质证书；有违法所得的，予以没收；造成损失的，承担连带赔偿责任。

5. 违反工程建设强制性标准造成工程质量、安全隐患或者工程质量安全事故的，按照《建设工程质量管理条例》《建设工程勘察设计管理条例》和《建设工程安全生产管理条例》的有关规定进行处罚。

6. 有关责令停业整顿、降低资质等级和吊销资质证书的行政处罚，由颁发资质证书的机关决定；其他行政处罚，由住房城乡建设行政主管部门或者有关部门依照法定职权决定。

7. 住房城乡建设行政主管部门和有关行政部门工作人员，玩忽职守、滥用职权、徇私舞弊的，给予行政处分；构成犯罪的，依法追究刑事责任。

二、一般装饰装修工程(含门、窗工程)的质量验收的要求

《房屋建筑工程和市政基础设施工程竣工验收备案管理办法》于2000年4月4日中华人民共和国建设部令第78号发布，根据2009年10月19日《住房和城乡建设部关于修改〈房屋建筑工程和市政基础设施工程竣工验收备案管理暂行办法〉的决定》修正，具体内容如下。

(一)建设单位办理工程竣工验收备案应当提交下列文件

1. 工程竣工验收备案表。

2. 工程竣工验收报告。竣工验收报告应当包括工程报建日期，施工许可证号，施工图设计文件审查意见，勘察、设计、施工、工程监理等单位分别签署的质量合格文件及验收人员签署的竣工验收原始文件，市政基础设施的有关质量检测和功能性试验资料以及备案机关认为需要提供的有关资料。

3. 法律、行政法规规定应当由规划、环保等部门出具的认可文件或者准许使用文件。

4. 法律规定应当由公安消防部门出具的对大型的人员密集场所和其他特殊建设工程验收合格的证明文件。

5. 施工单位签署的工程质量保修书。

6. 法规、规章规定必须提供的其他文件。

7. 住宅工程还应当提交《住宅质量保证书》和《住宅使用说明书》。

(二)工程竣工验收备案的其他规定

1. 建设单位应当自工程竣工验收合格之日起15日内，依照本办法规定，向工程所在地的县级以上地方人民政府建设主管部门(以下简称备案机关)备案。

2. 工程质量监督机构应当在工程竣工验收之日起5日内，向备案机关提交工程质量监督报告。

3. 备案机关发现建设单位在竣工验收过程中有违反国家有关建设工程质量管理规定行为的，应当在收讫竣工验收备案文件15日内，责令停止使用，重新组织竣工验收。

4. 建设单位在工程竣工验收合格之日起15日内未办理工程竣工验收备案的，备案机关责令限期改正，处20万元以上50万元以下罚款。

5. 建设单位将备案机关决定重新组织竣工验收的工程，在重新组织竣工验收前，擅自使用的，备案机关责令停止使用，处工程合同价款2%以上4%以下罚款。

6. 备案机关决定重新组织竣工验收并责令停止使用的工程，建设单位在备案之前已投入使用或者建设单位擅自继续使用造成使用人损失的，由建设单位依法承担赔偿责任。

三、房屋建筑工程质量保修范围、保修期限和违规处理的规定

根据《房屋建筑工程质量保修办法》(中华人民共和国建设部令第80号),具体要求如下。

(一)房屋建筑工程的最低保修期限

1.地基基础和主体结构工程,为设计文件规定的该工程的合理使用年限。
2.屋面防水工程、有防水要求的卫生间、房间和外墙面的防渗漏,为5年。
3.供热与供冷系统,为2个采暖期、供冷期。
4.电气系统、给排水管道、设备安装为2年。
5.装修工程为2年。
6.其他项目的保修期限由建设单位和施工单位约定。
房屋建筑工程保修期从工程竣工验收合格之日起计算。
因使用不当或者第三方造成的质量缺陷、不可抗力造成的质量缺陷,不属于规定的保修范围。

(二)房屋建筑工程质量保修违规处罚

施工单位有下列行为之一的,由建设行政主管部门责令改正,并处1万元以上3万元以下的罚款:

1.工程竣工验收后,不向建设单位出具质量保修书的。

2.质量保修的内容、期限违反本办法规定的。

施工单位不履行保修义务或者拖延履行保修义务的,由建设行政主管部门责令改正,处10万元以上20万元以下的罚款。

四、建设工程专项质量检测、见证取样检测业务内容的规定

根据《建设工程质量检测管理办法》(中华人民共和国建设部令第141号),具体规定如下。

(一)专项质量检测的内容

1.地基基础工程检测。
(1)地基及复合地基承载力静载检测。
(2)桩的承载力检测。
(3)桩身完整性检测。
(4)锚杆锁定力检测。
2.主体结构工程现场检测。
(1)混凝土、砂浆、砌体强度现场检测。
(2)钢筋保护层厚度检测。
(3)混凝土预制构件结构性能检测。
(4)后置埋件的力学性能检测。
3.建筑幕墙工程检测。
(1)建筑幕墙的气密性、水密性、风压变形性能、层间变位性能检测。
(2)硅酮结构胶相容性检测。

4. 钢结构工程检测。

(1)钢结构焊接质量无损检测。

(2)钢结构防腐及防火涂装检测。

(3)钢结构节点、机械连接用紧固标准件及高强度螺栓力学性能检测。

(4)钢网架结构的变形检测。

(二)见证取样检验的内容

1. 水泥物理力学性能检验。
2. 钢筋(含焊接与机械连接)力学性能检验。
3. 砂、石常规检验。
4. 混凝土、砂浆强度检验。
5. 简易土工试验。
6. 混凝土掺加剂检验。
7. 预应力钢绞线、锚夹具检验。
8. 沥青、沥青混合料检验。

第二节 建筑工程施工质量验收标准和规范

一、建筑工程质量验收的划分、合格判定以及质量验收的程序和组织的要求

由住房城乡建设部组织编写的《建筑工程施工质量验收统一标准》,批准为国家标准,编号为GB50300—2013,自2014年6月1日起实施。其中,第5.0.8、6.0.6条为强制性条文,必须严格执行。原《建筑工程施工质量验收统一标准》(GB50300—2001)同时废止。

4.0.1 建筑工程质量验收应划分为单位工程、分部工程、分项工程和检验批。

4.0.2 单位工程应按下列原则划分:

具备独立施工条件并能形成独立使用功能的建筑物或构筑物为一个单位工程。

对于规模较大的单位工程,可将其能形成独立使用功能的部分划分为一个子单位工程。

4.0.3 分部工程应按下列原则划分:

可按专业性质、工程部位确定。

当分部工程较大或较复杂时,可按材料种类、施工特点、施工程序、专业系统及类别等将分部工程划分为若干子分部工程。

4.0.4 分项工程可按主要工种、材料、施工工艺、设备类别等进行划分。

4.0.5 检验批可根据施工、质量控制和专业验收的需要,按工程量、楼层、施工段、变形缝等进行划分。

5.0.1 检验批质量验收合格应符合下列规定:

主控项目的质量经抽样检验均应合格。

一般项目的质量经抽样检验合格。当采用计数抽样时,合格点率应符合有关专业验收规范的规定,且不得存在严重缺陷。对于计数抽样的一般项目,正常检验一次、二次抽样可按本标准附录D

判定。

具有完整的施工操作依据、质量验收记录。

5.0.2　分项工程质量验收合格应符合下列规定：

所含检验批的质量均应验收合格。

所含检验批的质量验收记录应完整。

5.0.3　分部工程质量验收合格应符合下列规定：

所含分项工程的质量均应验收合格。

质量控制资料应完整。

有关安全、节能、环境保护和主要使用功能的抽样检验结果应符合相应规定。

观感质量应符合要求。

5.0.4　单位工程质量验收合格应符合下列规定：

所含分部工程的质量均应验收合格。

质量控制资料应完整。

所含分部工程中有关安全、节能、环境保护和主要使用功能的检验资料应完整。

主要使用功能的抽查结果应符合相关专业验收规范的规定。

观感质量应符合要求。

5.0.8　经返修或加固处理仍不能满足安全或使用要求的分部工程及单位工程，严禁验收。

6.0.5　单位工程完工后，施工单位应组织有关人员进行自检。总监工程师应组织各专业监理工程师对工程质量进行竣工预验收。存在施工质量问题时，应由施工单位及时整改。

整改完毕后，由施工单位向建设单位提交工程竣工报告，申请工程竣工验收。

6.0.6　建设单位收到工程竣工报告后，应由建设单位项目负责人组织监理、施工、设计、勘察等单位项目负责人进行单位工程验收。

二、一般装饰装修工程(含门、窗工程)质量验收的要求

(一)《建筑装饰装修工程质量验收标准》

《建筑装饰装修工程质量验收标准》为国家标准，编号为 GB50210—2018，自 2018 年 9 月 1 日起实施。其中，第 3.1.4、6.1.11、6.1.12、7.1.12、11.1.12 条为强制性条文，必须严格执行。

本标准适用于新建、扩建、改建和既有建筑的装饰装修工程的质量验收，其中强制性条文如下：

3.1.4　既有建筑装饰装修工程设计涉及主体和承重结构变动时，必须在施工前委托原结构设计单位或者具有相应资质条件的设计单位提出设计方案，或由检测鉴定单位对建筑结构的安全性进行鉴定。

6.1.11　建筑外门窗安装必须牢固。在砌体上安装门窗严禁采用射钉固定。

6.1.12　推拉门窗扇必须牢固，必须安装防脱落装置。

7.1.12　重型设备和有振动荷载的设备严禁安装在吊顶工程的龙骨上。

11.1.12　幕墙与主体结构连接的各种预埋件，其数量、规格、位置和防腐处理必须符合设计要求。

(二)《建筑装饰装修工程质量评价标准》

为了促进建筑装饰装修工程质量管理，统一建筑装饰装修工程质量评价的要求和方法，浙江省建筑装饰行业协会同有关单位主编完成了《建筑装饰装修工程质量评价标准》，经浙江省住房和城乡建

设厅批准为浙江省工程建设标准，编号为DB33/T1077—2011，自2011年6月1日起实施。部分规定如下：

1.0.2 本标准适用于新建、扩建、改建工程的建筑装饰装修工程质量评价，不适用于建筑幕墙工程评价。

3.4.1 本标准中控制的室内环境污染物为氡、甲醛、氨、苯和总挥发性有机物，应具有如下检测报告，并符合相关规定的要求：

室内环境污染浓度检测报告；

相关放射性指标检测报告；

人造木板及饰面人造木板的游离甲醛含量或游离甲醛释放量检测报告；

水性涂料、胶粘剂、处理剂的总挥发性有机化合物（TVOC）和游离甲醛含量检测报告，溶剂型涂料、胶粘剂的总挥发性有机化合物（TVOC）、苯、游离甲醛二异氰酸酯（TDI）含量检测报告。

5.1.1 建筑装饰装修工程施工质量评价按工程部位、系统分为地面工程、墙面工程、吊顶工程、门窗工程、细部工程及装饰装修相关安装工程等六部分。

三、幕墙工程施工质量检验方法及验收的要求

（一）《金属与石材幕墙工程技术规范》（JGJ133—2001）

该规范适用于下列民用建筑金属与天然石材幕墙工程的设计、制作、安装施工及验收：

建筑高度不大于150m的民用建筑金属幕墙工程；

建筑高度不大于100m、设防烈度不大于8度的民用建筑石材幕墙工程。

其中强制性条文如下：

3.2.2 花岗石板材的弯曲强度应经法定检验机构检测确定，其弯曲强度不应小于8.0MPa。

3.5.2 同一幕墙工程应采用同一品牌的单组分或双组分的硅酮结构密封胶，并应有保质年限的质量证书。用于石材幕墙的硅酮结构密封胶还应有证明无污染的试验报告。

3.5.3 同一幕墙工程应采用同一品牌的硅酮结构密封胶和硅酮耐候密封胶配套使用。

4.2.3 幕墙构件的立柱与横梁在风荷载标准值作用下，钢型材的相对挠度不应大于L/300（L为立柱或横梁两支点间的跨度），绝对挠度不应大于15mm；铝合金型材的相对挠度不应大于L/180，绝对挠度不应大于20mm。

4.2.4 幕墙在风荷载标准值除风系数后的风荷载值作用下，不应发生雨水渗漏。其雨水渗漏性能应符合设计要求。

5.2.3 作用于幕墙上的风荷载标准值不应小于1.0KN/m^2。

5.5.2 钢销式石材幕墙可在非抗震设计或6度、7度抗震设计幕墙中应用，幕墙高度不宜大于20m，石板面积不宜大于1.0m^2。钢销和连接板应采用不锈钢。连接板截面尺寸不宜小于40mm×4mm。钢销与孔的要求应符合本规范的规定。

5.6.6 横梁应通过角码、螺钉或螺栓与立柱连接，角码应能承受横梁的剪力。螺钉直径不得小于4mm，每处连接螺钉数量不应少于3个，螺栓不应少于2个。横梁与立柱之间应有一定的相对位移能力。

5.7.2 上下立柱之间应有不小于15mm的缝隙，并应采用芯柱联结。芯柱总长度不应小于400mm。芯柱与立柱应紧密接触。芯柱与下柱之间应采用不锈钢螺栓固定。

5.7.11 立柱应采用螺栓与角码连接，并再通过角码与预埋件或钢构件连接。螺栓直径不应小于10mm，连接螺栓应按现行国家标准《钢结构设计规范》（GB50017）进行承载力计算。立柱与角码采

用不同金属材料时应采用绝缘垫片分隔。

6.1.3　用硅酮结构密封胶黏结固定构件时，注胶应在温度15℃以上30℃以下、相对湿度50%以上且洁净、通风的室内进行，胶的宽度、厚度应符合设计要求。

6.5.1　金属与石材幕墙构件应按同一种类构件的5%进行抽样检查，且每种构件不得少于5件。当有一个构件抽检不符合上述规定时，应加倍抽样复验，全部合格后方可出厂。

7.2.4　金属、石材幕墙与主体结构连接的预埋件，应在主体结构施工时按设计要求埋设。预埋件应牢固，位置准确，预埋件的位置误差应按设计要求进行复查。当设计无明确要求时，预埋件的标高偏差不应大于10mm，预埋件位置差不应大于20mm。

7.3.4　金属板与石板安装应符合下列规定：

应对横竖连接件进行检查、测量、调整；

金属板、石板安装时，左右、上下的偏差不应大于1.5mm；

金属板、石板空缝安装时，必须有防水措施，并应有符合设计要求的排水出口；

填充硅酮耐候密封胶时，金属板、石板缝的宽度、厚度应根据硅酮耐候密封胶的技术参数，经计算后确定。

7.3.10　幕墙安装施工应对下列项目进行验收：

主体结构与立柱、立柱与横梁连接节点安装及防腐处理；

幕墙的防火、保温安装；

幕墙的伸缩缝、沉降缝、防震缝及阴阳角的安装；

幕墙的防雷节点的安装；

幕墙的封口安装。

（二）《玻璃幕墙工程技术规范》(JGJ102—2003)

《玻璃幕墙工程技术规范》(JGJ102—2003)强制性条文如下：

3.1.4　隐框和半隐框玻璃幕墙，其玻璃与铝型材的黏结必须采用中性硅酮结构密封胶；全玻幕墙和点支承幕墙采用镀膜玻璃时，不应采用酸性硅酮结构密封胶黏结。

3.1.5　硅酮结构密封胶和硅酮建筑密封胶必须在有效期内使用。

3.6.2　硅酮结构密封胶使用前，应经国家认可的检测机构进行与其相接触材料的相容性和剥离黏结性试验，并应对邵氏硬度、标准状态拉伸黏结性能进行复验。检验不合格的产品不得使用。进口硅酮结构密封胶应具有商检报告。

4.4.4　人员流动密度大、青少年或幼儿活动的公共场所以及使用中容易受到撞击的部位，其玻璃幕墙应采用安全玻璃；对使用中容易受到撞击的部位，尚应设置明显的警示标志。

5.1.6　幕墙结构构件应按下列规定验算承载力和挠度：

无地震作用效应组合时，承载力应符合下式要求：

$$\gamma_0 S \leq R \qquad (5.1.6-1)$$

有地震作用效应组合时，承载力应符合下式要求：

$$S_E \leq R/\gamma_{RE} \qquad (5.1.6-2)$$

式中　S——荷载效应按基本组合的设计值；

S_E——地震作用效应和其他荷载效应按基本组合的设计值；

R——构件抗力设计值；

γ_0——结构构件重要性系数，应取不小于1.0；

γ_{RE}——结构构件承载力抗震调整系数，应取1.0。

挠度应符合下式要求：

$$d_f \leqslant d_{f,\lim} \quad (5.1.6-3)$$

式中 d_f——构件在风荷载标准值或永久荷载标准值作用下产生的挠度值；

$d_{f,\lim}$——构件挠度限值。

双向受弯的杆件，两个方向的挠度应分别符合本条第3款的规定。

5.5.1 主体结构或结构构件，应能够承受幕墙传递的荷载和作用。连接件与主体结构的锚固承载力设计值应大于连接件本身的承载力设计值。

5.6.2 硅酮结构密封胶应根据不同的受力情况进行承载力极限状态验算。在风荷载、水平地震作用下，硅酮结构密封胶的拉应力或剪应力设计值不应大于其强度设计值，f_1，f_1 应取 0.2N/mm^2；在永久荷载作用下，硅酮结构密封胶的拉应力或剪应力设计值不应大于其强度设计值 f_2，f_2 应取 0.01N/mm^2。

6.2.1 横梁截面主要受力部位的厚度，应符合下列要求：

截面自由挑出部位(图 1.1a)和双侧加劲部位(图 1.1b)的宽厚比 b_0/t 应符合表 1.1 的要求。

表 1.1 横梁截面宽厚比 b_0/t 限值

截面部位	铝型材				钢型材	
	6063—T5 6061—T4	6063A—T5	6063—T6 6063A—T6	6061—T6	Q235	Q345
自由挑出	17	15	13	12	15	12
双侧加劲	50	45	40	35	40	33

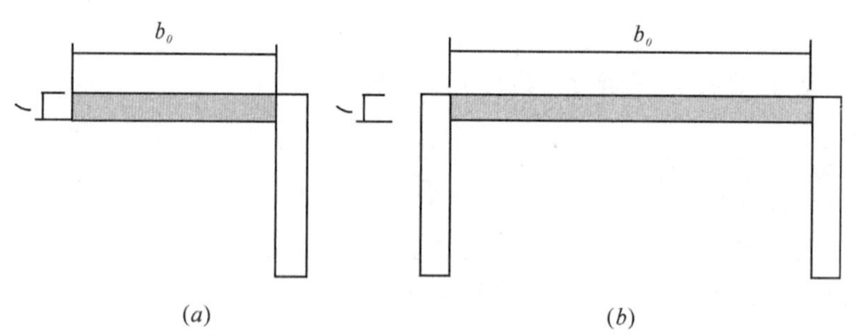

图 1.1 横梁的截面部位示意

当横梁跨度不大于 1.2m 时，铝合金型材截面主要受力部位的厚度不应小于 2.0mm；当横梁跨度大于 1.2m 时，其截面主要受力部位的厚度不应小于 2.5mm。型材孔壁与螺钉之间直接采用螺纹受力连接时，其局部截面厚度不应小于螺钉的公称直径。

钢型材截面主要受力部位的厚度不应小于 2.5mm。

6.3.1 立柱截面主要受力部位的厚度，应符合下列要求：

铝型材截面开口部位的厚度不应小于 3.0mm，闭口部位的厚度不应小于 2.5mm；型材孔壁与螺钉之间直接采用螺纹受力连接时，其局部厚度尚不应小于螺钉的公称直径；

钢型材截面主要受力部位的厚度不应小于 3.0mm；

对偏心受压立柱.其截面宽厚比应符合本规范第 6.2.1 条的相应规定。

7.1.6 全玻幕墙的板面不得与其他刚性材料直接接触。板面与装修面或结构面之间的空隙不应小于 8mm，且应采用密封胶密封。

7.3.1 全玻幕墙玻璃肋的截面厚度不应小于 12mm，截面高度不应小于 100mm。

7.4.1 采用胶缝传力的全玻幕墙，其胶缝必须采用硅酮结构密封胶。

8.1.2 采用浮头式连接件的幕墙玻璃厚度不应小于 6mm，采用沉头式连接件的幕墙玻璃厚度不应小于 8mm。

安装连接件的夹层玻璃和中空玻璃，其单片厚度也应符合上述要求。

8.1.3　玻璃之间的空隙宽度不应小于 10mm，且应采用硅酮建筑密封胶嵌缝。

9.1.4　除全玻幕墙外，不应在现场打注硅酮结构密封胶。

10.7.4　当高层建筑的玻璃幕墙安装与主体结构施工交叉作业时，在主体结构的施工层下方应设置防护网；在距离地面约 3m 高度处，应设置挑出宽度不小于 6m 的水平防护网。

四、屋面及防水工程施工质量验收的要求

《屋面工程质量验收规范》(GB50207—2012)适用于房屋建筑屋面工程的质量验收，自 2012 年 10 月 1 日起实施。其中，第 3.0.6、3.0.12、5.1.7、7.2.7 为强制性条文，必须严格执行，具体内容如下：

3.0.6　屋面工程所用的防水、保温材料应有产品合格证书和性能检测报告，材料的品种、规格、性能等必须符合国家现行产品标准和设计要求。产品质量应由经过省级以上建设行政主管部门对其资质认可和质量技术监督部门对其计量认证的质量检测单位进行检测。

3.0.12　屋面防水工程完工后，应进行观感质量检查和雨后观察或淋水、蓄水试验，不得有渗漏和积水现象。

5.1.7　保温材料的导热系数、表观密度或干密度、抗压强度或压缩强度、燃烧性能，必须符合设计要求。

7.2.7　瓦片必须铺置牢固。在大风及地震设防地区或屋面坡度大于 100%时，应按设计要求采取固定加强措施。

五、建筑地面工程施工质量验收的要求

《建筑地面工程施工质量验收规范》(GB50209—2010)，其中，第 3.0.3、3.0.5、3.0.18、4.9.3、4.10.11、4.10.13、5.7.4 条为强制性条文，必须严格执行，具体内容如下：

3.0.3　建筑地面工程采用的材料或产品应符合设计要求和国家现行有关标准的规定。无国家现行标准的，应具有省级住房和城乡建设行政主管部门的技术认可文件。材料或产品进场时还应符合下列规定：应有质量合格证明文件；应对型号、规格、外观等进行验收，对重要材料或产品应抽样进行复验。

3.0.5　厕浴间和有防滑要求的建筑地面应符合设计防滑要求。

3.0.18　厕浴间、厨房和有排水(或其他液体)要求的建筑地面面层与相连接各类面层的标高差应符合设计要求。

4.9.3　有防水要求的建筑地面工程，铺设前必须对立管、套管和地漏与楼板节点之间进行密封处理，并应进行隐蔽验收；排水坡度应符合设计要求。

4.10.11　厕浴间和有防水要求的建筑地面必须设置防水隔离层。楼层结构必须采用现浇混凝土或整块预制混凝土板，混凝土强度等级不应小于 C20；房间的楼板四周除门洞外应做混凝土翻边，高度不应小于 200mm。宽同墙厚，混凝土强度等级不应小于 C20。施工时结构层标高和预留孔洞位置应准确，严禁乱凿洞。

检验方法：观察和钢尺检查。

4.10.13　防水隔离层严禁渗漏，坡向应正确、排水通畅。

检验方法：观察检查和蓄水、泼水检验、坡度尺检查及检查检验记录。

5.7.4　不发火(防爆的)面层中碎石的不发火性必须合格；砂应质地坚硬、表面粗糙，其粒径应为

0.15～5mm，含泥量不应大于3%，有机物含量不应大于0.5%；水泥应采用硅酸盐水泥、普通硅酸盐水泥；面层分格的嵌条应采用不发生火花的材料配制。配制时应随时检查，不得混入金属或其他易发生火花的杂质。

检验方法：观察检查和检查材质合格证明文件及检测报告。

六、室内环境污染控制的要求

（一）《民用建筑工程室内环境污染控制规范》(GB 50325—2010)

根据《民用建筑工程室内环境污染控制规范》，其中强制性规定条文如下：

1.0.5　民用建筑工程所选用的建筑材料和装修材料必须符合本规范的有关规定。

3.1.1　民用建筑工程所使用的砂石、砖、砌块、水泥、混凝土、混凝土预制构件等无机非金属建筑主体材料的放射性限量，应符合下表的规定。

表1.2　无机非金属建筑主体材料放射性限量

测定项目	限　量
内照射指数 I_{Ra}	≤1.0
外照射指数 I_{γ}	≤1.0

3.1.2　民用建筑工程所使用的无机非金属装修材料，包括石材、建筑卫生陶瓷、石膏板、吊顶材料、无机瓷质砖粘接材料等，进行分类时，其放射性指标限量应符合下表的规定。

表1.3　无机非金属装修材料放射性限量

测定项目	限　量	
	A	B
内照射指数 I_{Ra}	≤1.0	≤1.3
外照射指数 I_{γ}	≤1.3	≤1.9

3.2.1　民用建筑工程室内用人造木板及饰面人造木板，必须测定游离甲醛含量或游离甲醛释放量。

3.6.1　民用建筑工程中所使用的能释放氨的阻燃剂、混凝土外加剂，氨的释放量不应大于0.10%，测定方法应符合现行国际标准《混凝土外加剂中释放氨的限量》(GB18588)的有关规定。

4.3.1　民用建筑工程室内不得使用国家禁止使用、限制使用的建筑材料。

4.3.2　Ⅰ类民用建筑工程室内装修采用的无机非金属装修材料必须为A类。

4.3.4　Ⅰ类民用建筑工程的室内装修，采用的人造木板及饰面人造木板必须达到E1级要求。

4.3.9　民用建筑工程室内装修中所使用的木地板及其他木质材料，严禁采用沥青、煤焦油类防腐、防潮处理剂。

5.1.2　当建筑材料和装修材料进场检验，发现不符合设计要求及本规范的有关规定时，严禁使用。

5.2.1　民用建筑工程中所采用的无机非金属建筑材料和装修材料必须有放射性指标检测报告，并应符合设计要求和本规范的有关规定。

5.2.3　民用建筑工程室内装修中所采用的人造木板及饰面人造木板，必须有游离甲醛含量或游离甲醛释放量检测报告，并应符合设计要求和本规范的有关规定。

5.2.5　民用建筑工程室内装修中所采用的水性涂料、水性胶粘剂、水性处理剂必须有同批次产品的挥发性有机化合物（VOC）和游离甲醛含量检测报告；溶剂型涂料、溶剂型胶粘剂必须有同批次产品的挥发性有机化合物（VOC）苯、甲苯＋二甲苯、游离甲苯二异氰酸酯（TDI）含量检测报告，并应符合设计要求和本规范的有关规定。

5.2.6　建筑材料和装修材料的检测项目不全或对检测结果有疑问时，必须将材料送有资格的检测机构进行检验，检验合格后方可使用。

5.3.3　民用建筑工程室内装修时，严禁使用苯、工业苯、石油苯、重质苯及混苯作为稀释剂和溶剂。

5.3.6　民用建筑工程室内严禁使用有机溶剂清洗施工用具。

6.0.3　民用建筑工程所用建筑材料和装修材料的类别、数量和施工工艺等，应符合设计要求和本规范的有关规定。

6.0.4　民用建筑工程验收时，必须进行室内环境污染物浓度检测。其限量应符合下表的规定。

表 1.4　民用建筑工程室内环境污染物浓度限量

污染物	Ⅰ类民用建筑工程	Ⅱ类民用建筑工程
氡（Bq/m^3）	≤200	≤400
甲醛（mg/m^3）	≤0.08	≤0.1
苯（mg/m^3）	≤0.09	≤0.09
氨（mg/m^3）	≤0.2	≤0.2
TVOG（mg/m^3）	≤0.5	≤0.6

注：1. 表中污染物浓度限量，除氡外均指室内测量值扣除同步测定的室外上风向空气测量值（本底值）后的测量值。

2. 表中污染物浓度测量值的极限值判定，采用全数值比较法。

6.0.19　当室内环境污染物浓度的全部检测结果符合本规范表 6.0.4 的规定时，可判定该工程室内环境质量合格。

6.0.21　室内环境质量验收不合格的民用建筑工程，严禁投入使用。

（二）《民用建筑装饰装修工程室内环境检测与验收规范》（DB33/T1084—2011）

由浙江大学环境科学研究所等主编单位完成的经浙江省住房和城乡建设厅批准的浙江省工程建设标准《民用建筑装饰装修工程室内环境检测与验收规范》，自 2012 年 3 月 1 日施行。

1.0.2　本规范适用于浙江省内新建、改建及既有民用建筑装饰装修工程的室内环境检测和验收，不适用于工业建筑和有特殊净化卫生要求的工程。

3.1.6　民用建筑装饰装修工程根据室内环境质量的不同要求，划分为以下两类：

Ⅰ类民用建筑装饰装修工程：住宅、医院、老年建筑、幼儿园、学校教室等民用建筑装饰装修工程。

Ⅱ类民用建筑装饰装修工程：办公楼、商店、旅馆、文化娱乐场所、书店、图书馆、展览馆、体育馆、公共交通等候室、餐厅、理发店等民用建筑装饰装修工程。

6.2.1　民用建筑装饰装修工程的室内环境质量验收，应在工程完工至少 7 天以后、工程交付使用前进行。

6.2.5　民用建筑装饰装修工程验收时，必须进行室内环境污染物浓度的检测。

七、建筑内部装修防火施工及质量验收的要求

《建筑内部装修防火施工及验收规范》(GB50354—2005)是为防止和减少建筑火灾危害,保证建筑内部装修工程防火施工质量符合防火设计要求而制定,由建设部批准于2005年8月1日实施。其中,第2.0.4、2.0.5、2.0.6、2.0.7、2.0.8、3.0.4、4.0.4、5.0.4、6.0.4、7.0.4、8.0.2、8.0.6条为强制性条文,必须严格执行,具体内容如下:

2.0.4 进入施工现场的装修材料应完好,并应核查其燃烧性能或耐火极限、防火性能型式检验报告、合格证书等技术文件是否符合防火设计要求。核查、检验时,按本规范附录B的要求填写进场验收记录。

2.0.5 装修材料进入施工现场后,应按本规范的有关规定,在监理单位或建设单位监督下,由施工单位有关人员现场取样,并应由具备相应资质的检验单位进行见证取样检验。

2.0.6 装修施工过程中,装修材料应远离火源,并应指派专人负责施工现场的防火安全。

2.0.7 装修施工过程中,应对各装修部位的施工过程作详细记录。记录表的格式应符合本规范附录C的要求。

2.0.8 建筑工程内部装修不得影响消防设施的使用功能。装修施工过程中,当确需变更防火设计时,应经原设计单位或具有相应资质的设计单位按有关规定进行。

3.0.4 下列材料应进行抽样检验:

现场阻燃处理后的纺织织物,每种取$2m^2$检验燃烧性能;

施工过程中受湿浸、燃烧性能可能受影响的纺织织物,每种取$2m^2$检验燃烧性能。

4.0.4 下列材料应进行抽样检验:

现场阻燃处理后的木质材料,每种取$4m^2$检验燃烧性能;

表面进行加工后的B1级木质材料,每种取$4m^2$检验燃烧性能。

5.0.4 现场阻燃处理后的泡沫塑料应进行抽样检验,每种取$0.1m^3$检验燃烧性能。

6.0.4 现场阻燃处理后的复合材料应进行抽样检验,每种取$4m^2$检验燃烧性能。

7.0.4 现场阻燃处理后的复合材料应进行抽样检验。

8.0.2 工程质量验收应符合下列要求:

技术资料应完整;

所用装修材料或产品的见证取样检验结果应满足设计要求;

装修施工过程中的抽样检验结果,包括隐蔽工程的施工过程中及完工后的抽样检验结果应符合设计要求;

现场进行阻燃处理、喷涂,安装作业的抽样检验结果应符合设计要求;

施工过程中的主控项目检验结果应全部合格;

施工过程中的一般项目检验结果合格率应达到80%。

8.0.6 当装修施工的有关资料经审查全部合格、施工过程全部符合要求、现场检查或抽样检测结果全部合格时,工程验收应为合格。

八、建筑节能工程施工质量验收的要求

《建筑节能工程施工质量验收规范》(GB50411—2007)是建设部批准,于2007年1月16日发布的国家标准,自2007年10月1日起实施。其中,第1.0.5、3.1.2、3.3.1、4.2.2、4.2.7、4.2.15、5.2.2、6.2.2、7.2.2、8.2.2、9.2.3、9.2.10、10.2.3、10.2.14、11.2.3、11.2.5、11.2.11、12.2.2、13.2.5、

15.0.5 条为强制性条文，必须严格执行，具体内容如下：

1.0.5　单位工程竣工验收应在建筑节能分部工程验收合格后方可进行。

3.1.2　设计变更不得降低建筑节能效果。当设计变更涉及建筑节能效果时，该项变更应经原施工图设计审查机构审查，在实施前应办理设计变更手续，并获得监理或建设单位的确认。

3.3.1　建筑节能工程施工应当按照经审查合格的设计文件和经审批的建筑节能工程施工技术方案的要求施工。

4.2.2　用于墙体节能工程的材料、构件等，其热工性能和燃烧性能必须符合设计要求和强制性标准的规定。

4.2.7　墙体节能工程的施工，应符合下列规定：

保温材料的厚度必须符合设计要求；

保温板与基层及各构造层之间的黏结或连接必须牢固。黏结强度和连接方式应符合设计要求和相关标准的规定。保温板材与基层的黏结强度应做现场拉拔试验，试验结果应符合要求。

保温浆料应分层施工。当外墙采用保温浆料做外保温时，保温层与基层之间及各层之间的黏结必须牢固，不应脱层、空鼓和开裂。

当墙体节能工程采用预埋或后置锚固件时，其数量、位置、锚固深度和拉拔力应符合设计要求。后置锚固件应进行现场拉拔试验，试验结果应符合要求。

4.2.15　严寒、寒冷和夏热冬冷地区外墙热桥部位，应按设计要求采取节能保温等隔断热桥措施。

5.2.2　幕墙节能工程使用的保温隔热材料，其导热系数、密度、燃烧性能应符合设计要求。幕墙玻璃的传热系数、遮阳系数、可见光透射比、中空玻璃露点应符合设计要求。

6.2.2　建筑外窗的气密性、保温性能、中空玻璃露点、玻璃遮阳系数和可见光透射比应符合设计要求。

7.2.2　用于屋面节能工程的保温隔热材料，其导热系数、密度、抗压强度或压缩强度、燃烧性能必须符合设计要求和强制性标准的规定。

8.2.2　用于地面节能工程的保温材料，其导热系数、密度、抗压强度或压缩强度、燃烧性能必须符合设计要求和强制性标准的规定。

9.2.3　采暖系统的安装应符合下列规定：

采暖系统的制式，应符合设计要求；

散热设备、阀门、过滤器、温度计及仪表应按设计要求安装齐全，不得随意增减和更换；

室内温度调控装置、热计量装置、水力平衡装置以及热力入口装置的安装位置和方向应符合设计要求，并便于观察、操作和调试；

温度调控装置和热计量装置安装后，采暖系统应能实现设计要求的分室（区）温度调控、分栋热计量和分户或室（区）热量（费）分摊的功能。

9.2.10　采暖系统安装完毕后，应在采暖期内与热源进行联合试运转和调试。联合试运转和调试结果应符合设计要求，采暖房间温度不得低于设计计算温度 2℃，且不应高于 1℃。

10.2.3　通风与空调节能工程中的送、排风系统及空调风系统、空调水系统的安装应符合下列规定：

各系统的制式，应符合设计要求；

各种设备、自控阀门与仪表应按设计要求安装齐全，不得随意增减和更换；

水系统各分支管路水力平衡装置、温控装置与仪表的安装位置、方向应符合设计要求，并便于观察、操作和调试。

空调系统应能实现设计要求的分室（区）温度调控功能。对设计要求分栋、分区或分户（室）冷、热计量的建筑物，空调系统应能实现相应的计量功能。

10.2.14　通风与空调系统安装完毕，应进行通风机和空调机组等设备的单机试运转和调试，并应进行空调机组等设备的单机试运转和调试，并应进行系统的风量平衡调试。单机试运转和调试结果应符合设计要求；系统的总风量与设计风量的允许偏差不应大于10%，风口的风量与设计风量的允许偏差不应大于15%。

11.2.3　空调与采暖系统冷热源设备和辅助设备及其管网系统的安装，应符合下列规定：

管道系统的制式，应符合设计要求；

各种设备、自控阀门与仪表应按设计要求安装齐全，不得随意增减和更换；

空调冷(热)水系统，应能实现设计要求的变流量或定流量运行；

供热系统应能根据热负荷及室外温度变化实现设计要求的集中质调节、量调节或质—量调节相结合的运行。

11.2.5　冷热源侧的电动两通调节阀、水力平衡阀及冷(热)量计量装置等自控阀门与仪表的安装应符合下列规定：

规格、数量应符合设计要求；

方向应正确，位置应便于操作和观察。

11.2.11　空调与采暖系统冷热源和辅助设备及其管道和管网系统安装完毕后，系统试运转及调试必须符合下列规定：

冷热源和辅助设备必须进行单机试运转及调试；

冷热源和辅助设备必须同建筑物室内空调或采暖系统进行联合试运转及调试。

联合试运转及调试结果应符合设计要求，且允许偏差或规定值应符合如表1.5所示的有关规定。当联合试运转及调试不在制冷期或采暖期时，应先对表1.5中序号2、3、5、6四个项目进行检测，并在第一个制冷期或采暖期内，带冷(热)源补做序号1、4两个项目的检测。

表1.5　联合试运转及调试检测项目与允许偏差或规定值

序号	检测项目	允许偏差或规定值
1	室内温度	冬季不得低于设计计算温度2℃，且不应高于1℃ 夏季不得高于设计计算温度2℃，且不应低于1℃
2	供热系统室外管网的水力平衡度	0.9～1.2
序号	检测项目	允许偏差或规定值
3	供热系统的补水率	≤0.5%
4	室外管网的热输送效率	≥0.92
5	空调机组的水流量	≤20%
6	空调系统冷热水及冷却水总流量	≤10%

12.2.2　低压配电系统选择的电缆、电线截面不得低于设计值，进场时应对其截面和每芯导体电阻值进行见证取样送检。导体电阻值应符合表1.6的规定。

表 1.6 单芯和多芯电缆用实心导体及绞合导体的最大电阻

标称截面 mm^2	20℃时导体最大电阻 Ω/Km 圆铜导体(实心及绞合导体) 不镀金属	标称截面 mm^2	20℃时导体最大电阻 Ω/Km 圆铜导体(实心及绞合导体) 不镀金属
1.5	12.1	50	0.387
2.5	7.41	70	0.268
4	4.61	95	0.193
6	3.08	120	0.153
10	1.83	150	0.124
16	1.15	185	0.0991
25	0.727	240	0.0754
35	0.524	300	0.0601

13.2.5 通风与空调的监测控制系统应可靠运行,控制及故障报警功能应符合设计要求。

15.0.5 建筑节能分部工程质量验收合格,应符合下列规定:

分项工程应全部合格;

质量控制资料应完整;

外墙节能构造现场实体检验结果应符合设计要求;

严寒、寒冷和夏热冬冷地区的外窗气密性现场实体检测结果应合格;

建筑设备工程系统节能性能检测结果应合格。

九、建筑玻璃应用工程技术的要求

2015 年 8 月 21 日住建部第 880 号公告批准《建筑玻璃应用技术规程》为行业标准,编号为 JGJ113—2015,自 2016 年 4 月 1 日起实施。其中,第 8.2.2、9.1.2 条为强制性条文,必须严格执行,具体内容如下:

8.2.2 屋面玻璃式雨篷玻璃必须使用夹层玻璃或夹层中空玻璃,其胶片厚度不应小于 0.76mm。

9.1.2 地板玻璃必须采用夹层玻璃,点支承地板玻璃必须采用钢化夹层玻璃。钢化玻璃应进行均质处理。

思考题

1. 简述《实施工程建设强制性标准监督规定》中规定强制性标准监督检查的内容、方式。
2. 建筑工程质量验收应怎么划分?
3. 列举你所知道的装饰装修相关标准。
4. 建设单位办理工程竣工验收备案应当提交哪些文件?

第二章　工程质量管理的基本知识

本章共3节，主要阐述工程质量管理及控制体系、ISO 9000标准内容、八项质量管理原则、建筑企业建立质量体系的目的、质量体系认证。要求掌握工程质量管理的基本知识。

第一节　工程质量管理及控制体系

一、工程质量管理的概念和特点

(一)工程质量的概念和特点

建设工程质量，简称工程质量，是指工程满足业主需要的、符合国家法律、法规、技术规范标准、设计文件及合同规定的特性综合。建设工程作为一种特殊的产品，除具有一般产品共有的质量特性，如性能、寿命、可靠性、安全性、经济性等满足社会需要的使用价值及其属性外，还具有特定的内涵。工程质量有以下几个特点：影响因素多，质量波动大，质量的隐蔽性，终检的局限性，评价方法的特殊性。建设工程质量的特性主要表现在六个方面：适用性、耐久性、安全性、可靠性、经济性、与环境的协调性等。

1. 工程质量的概念。

工程质量的含义分为狭义和广义两种。狭义的工程质量是指工程符合业主需要而具备的使用功能。这一概念强调的是工程的实体质量，如基础是否坚固、主体结构是否安全以及通风、采光是否合理等。广义的工程质量不仅包括工程的实体质量，还包括形成实体质量的工作质量。工作质量是指参与工程的建设者，为了保证工程实体质量所从事工作的水平和完善程度，包括社会工作质量，如社会调查、市场预测、质量回访和保修服务等；生产过程工作质量，如管理工作质量、技术工作质量和后勤工作质量等。工作质量直接决定了实体质量，工程实体质量的好坏是决策、建设工程勘察、设计、施工等单位各方面、各环节工作质量的综合反映。因此，我们须从广义上理解工程质量的概念，而不能仅仅把认识停留在工程的实体质量上。过去对工程质量的管理通常是一种事后的行为，楼倒人伤才想起应该追究有关方面的工程质量责任，这时即使对责任主体依法惩处，也无法挽回已经造成的损失。但如果在工程质量形成过程中就对参建单位的建设活动进行规范化管理，就可以将工程质量隐患消灭在萌芽状态，这样虽然看上去加大了工作量，但却可以有效地解决工程质量问题。

2. 工程质量的特点。

工程质量具有如下一些特点：影响因素多，质量变动大，决策、设计、材料、机械、环境、施工工艺、管理制度以及参建人员素质等均直接或间接地影响工程质量。工程项目建设不像一般工业产品的生产那样，在固定的生产流水线，有规范化的生产工艺和完善的检测技术，有成套的生产设备和稳定的生产环境。因此它具有受影响因素多、质量波动较大的特点。

隐蔽性强，终检局限性大。有些工程表面上质量尽管很好，但这时可能混凝土已经失去了强度，钢筋已经被锈蚀得完全失去了作用，诸如此类的工程质量问题在终检时是很难通过肉眼判断出来的，有时即使用上检测工具，也不一定能发现问题。

工程建设各阶段对质量的影响工程项目具有周期长的特点，工程质量不是在旦夕之间形成的。人们常常对设计和施工阶段比较重视，殊不知，工程建设各阶段紧密衔接，互相制约影响，所以工程建设的每一阶段均对工程质量的形成产生十分重要的影响。

首先，可行性研究是决定工程建设成败与否的首要条件。当前，不少项目筹划过程的规范性和科学性较差。有的工程立项建设滞后，工程上了再立项；有的工程可行性研究不从客观实际出发，马虎粗糙，有的项目资金、原材料、设备不落实，垫资施工，迫使设计单位降低设计标准，施工单位偷工减料。凡此种种，都严重影响了工程质量。

其次，工程勘查、设计阶段是影响工程质量的关键环节。地质勘查工作的内容、深度和可靠程度，将决定工程设计方案能否正确考虑场地的地层构造、岩土的性质、不良地质现象及地下水位等工程地质条件。地质勘查失控会直接产生工程质量隐患，如果依据不合格的地质勘查报告进行设计，就可能产生严重的后果。

工程设计采用什么样的平面布置和空间形式，选用什么样的工程主体结构安全可靠。从我国目前的实际情况来看，设计不规范的现象还很严重，如不执行强制性设计标准和安全标准，设计不符合抗震强度要求等。至于有些工程无证设计，盲目套用设计图纸，或违反设计规范等引发的工程质量问题，后果更为严重。国务院发布实施的《建设工程质量管理条例》确立了施工图设计文件审查批准制度，就是为了强化设计质量的监督管理。

再有，工程的施工阶段是影响工程质量的决定环节。工程项目只有通过施工阶段才能成为实实在在的东西，施工阶段直接影响工程的最终质量。我国工程实践中，违反施工顺序、不按设计图施工、施工技术不当以及偷工减料等影响工程质量的事例不在少数。《质量管理条例》正式确立了建设工程质量监督制度，监督施工阶段的质量是工程质量监督机构的工作重点。

最后，竣工验收和交付使用阶段是影响工程质量的重要环节。在工程竣工验收阶段，建设单位组织设计、施工、监理等有关单位对施工阶段的质量进行最终检验，以考核质量目标是否符合设计阶段的质量要求。这一阶段是工程建设向交付使用转移的必要环节，体现了工程质量水平的最终结果。《质量管理条例》确立了竣工验收备案制度，这是政府加强工程质量管理、防止不合格工程流向社会的一个重要手段。在交付使用阶段，首先要做好工程的保护工作。为达到装修效果盲目破坏工程主体结构，往往导致十分严重的质量隐患，直接影响工程的使用寿命。

（二）工程质量管理的概念和特点

1. 工程质量管理的概念。

工程质量管理，是指为实现工程建设的质量方针、目标，进行质量策划、质量控制、质量保证和质量改造的工作。广义的工程质量管理，泛指建设全过程的质量管理，其管理的范围贯穿于工程建设的决策、勘察、设计、施工的全过程。狭义的质量管理，指的是工程施工阶段的管理。

2.工程质量管理的特点。

(1)工程项目的质量特性较多。

(2)工程项目形体庞大,高投入,周期长,牵涉面广,具有风险性。

(3)影响工程项目质量因素多。

(4)工程项目质量管理难度较大。

(5)工程项目质量具有隐蔽性。

二、质量控制体系的组织框架

建设工程项目质量控制体系,一般形成多层次、多单元的结构形态,这是由其实施任务的委托方式和合同结构所决定的。

(一)多层次结构

多层次结构是对应于建设工程项目工程系统纵向垂直分解的单项、单位工程项目的质量控制体系。在大中型工程项目尤其是群体工程项目中,第一层次的质量控制体系应由建设单位的工程项目管理机构负责建立;在委托代建、委托项目管理或实行交钥匙式工程总承包的情况下,应由相应的代建方项目管理机构、受托项目管理机构或工程总承包企业项目管理机构负责建立。第二层次的质量控制体系,通常是指分别由建设工程项目的设计总负责单位、施工总承包单位等建立的相应管理范围内的质量控制体系。第三层次及其以下,是承担工程设计、施工安装、材料设备供应等各承包单位的施工质量保证体系。

(二)多单元结构

多单元结构是指在建设工程项目质量控制总体系下,第二层次的质量控制体系及其以下的质量自控或保证体系可能有多个。这是项目质量目标、责任和措施分解的必然结果。

第二节 《质量管理体系要求》(GB/T19001)标准条文简介

2016年12月30日发布了GB/T19001—2016《质量管理体系要求》国家标准,并于2017年7月1日起实施;是等同采用ISO9001:2015《质量管理体系要求》国际标准。

一、GB/T19001—2016标准的解读

1.总则

采用质量管理体系是组织的一项战略决策,能够帮助其提高整体绩效。为推动可持续发展奠定良好基础。组织根据本标准实施质量管理体系的潜在益处是:

a)稳定提供满足顾客要求以及适用的法律法规要求的产品和服务的能力;

b)促成增强顾客满意的机会;

c)应对与组织环境和目标相关的风险和机遇;

d)证实符合规定的质量管理体系要求的能力。

本标准可用于内部和外部各方，实施本标准并非需要：

——统一不同质量管理体系的架构；

——形成与本标准条款结构相一致的文件；

——在组织内使用本标准的特定术语。

本标准规定的质量管理体系要求是对产品和服务要求的补充。

本标准采用过程方法，该方法结合了“策划—实施—检查—处置”（PDCA）循环与基于风险的思维。过程方法使组织能够策划过程及其相互作用。

PDCA 循环使组织能够确保其过程得到充分的资源和管理，确定改进机会并采取行动。

基于风险的思维使组织能够确定可能导致其过程和质量管理体系偏离策划结果的各种因素，采取预防控制，最大限度地降低不利影响，并最大限度地利用出现的机遇。

在日益复杂的动态环境中持续满足要求，并针对未来需求和期望采取适当行动，这无疑是组织面临的一项挑战。为了实现这一目标，组织可能会发现，除了纠正和持续改进，还有必要采取各种形式的改进，如破变性变革、创新和重组。

在本标准中使用如下助动词：

“应”表示要求；“宜”表示建议；“可”表示允许；“能”表示可能或能够。“注”的内容是理解和说明有关要求的指南。

2. 质量管理原则

本标准是在 GB/T 19000 所阐述的质量管理原则基础上制定的。每项原则的介绍均包含概述、该原则对组织的重要性的依据，应用该原则的主要益处示例以及应用该原则提高组织绩效的典型措施示例。

质量管理原则包括：

——以顾客为关注焦点；

——领导作用；

——全员参与；

——过程方法；

——改进；

——循证决策；

——关系管理。

3. 过程方法

本标准倡导在建立、实施质量管理体系以及提高其有效性时采用过程方法，通过满足顾客要求增强顾客满意。

将相互关联的过程作为一个体系加以理解和管理，有助于组织有效和高效地实现其预期结果。这种方法使组织能够对其体系的过程之间相互关联和相互依赖的关系进行有效控制，以提高组织整体绩效。

过程方法包括按照组织的质量方针和战略方向，对各过程及其相互作用进行系统的规定和管理，从而实现预期结果。可通过采用 PDCA 循环以及始终基于风险的思维对过程和整个体系进行管理，旨在有效利用机遇并防止发生不良结果。

在质量管理体系中应用过程方法能够：

a）理解并持续满足要求；

b）从增值的角度考虑过程；

c）获得有效的过程绩效；

d)在评价数据和信息的基础上改进过程。

4. 与其他管理体系标准的关系

本标准采用ISO制定的管理体系标准框架，以提高与其他管理体系标准的协调一致性。

本标准使组织能够使用过程方法，并结合PDCA循环和基于风险的思维，将其质量管理体系与其他管理体系标准要求进行协调或整合。

本标准与GB/T 19000和GB/T 19004存在如下关系：

——GB/T 19000《质量管理体系 基础和术语》为正确理解和实施本标准提供必要基础；

——GB/T 19004《追求组织的持续成功 质量管理方法》为选择超出本标准要求的组织提供指南。

本标准不包括针对环境管理、职业健康和安全管理或财务管理等其他管理体系的特定要求。

在本标准的基础上，已经制定了若干行业特定要求的质量管理体系标准。其中的某些标准规定了质量管理体系的附加要求，而另一些标准则仅限于提供在特定行业应用本标准的指南。

二、《质量管理体系要求》(GB/T19001—2016)标准条文

1 范围

本标准为下列组织规定了质量管理体系要求：

a)需要证实其具有稳定提供满足顾客要求及适用法律法规要求的产品和服务的能力；

b)通过体系的有效应用，包括体系改进的过程，以及保证符合顾客要求和适用的法律法规要求，旨在增强顾客满意。

本标准规定的所有要求是通用的，旨在适用于各种类型、不同规模和提供不同产品和服务的组织。

注1：在本标准中，术语"产品"或"服务"仅适用于预期提供给顾客或顾客所要求的产品和服务；

注2：法律法规要求可称作为法定要求。

2 规范性引用文件

下列文件对于本文件的应用是必不可少的。凡是注日期的引用文件，仅注日期的版本适用于本文件。凡是不注日期的引用文件，其最新版本(包括所有的修改单)适用于本文件。

GB/T 19000—2016 质量管理体系 基础和术语(ISO9000：2015，IDT)

3 术语和定义

GB/T 19000—2016 界定的术语和定义适用于本文件。

4 组织环境

4.1 理解组织及其环境

组织应确定与其宗旨和战略方向相关并影响其实现质量管理体系预期结果的能力的各种外部和内部因素。

组织应对这些内部和外部因素的相关信息进行监视和评审。

注1：这些因素可以包括需要考虑的正面和负面要素或条件。

注2：考虑来自于国际、国内、地区和当地的各种法律法规、技术、竞争、市场、文化、社会和经济因素，有助于理解外部环境。

注3：考虑组织的价值观、文化、知识和绩效等相关因素，有助于理解内部环境。

4.2 理解相关方的需求和期望

由于相关方对组织稳定提供符合顾客要求及适用法律法规要求的产品和服务的能力具有影响或

潜在影响,因此,组织应确定:

a)与质量管理体系有关的相关方;

b)与质量管理体系有关的相关方的要求。

组织应监视和评审这些相关方的信息及其相关要求

4.3　确定质量管理体系的范围

组织应明确质量管理体系的边界和适用性,以确定其范围。

在确定范围时,组织应考虑:

a)4.1 中提及的各种外部和内部因素

b)4.2 中提及的相关方的要求

c)组织的产品和服务。

如果本标准的全部要求适用于组织确定的质量管理体系范围,组织应实施本标准的全部要求。

组织的质量管理体系范围应作为成文信息,可获得并得到保持。该范围应描述所覆盖的产品和服务类型,如果组织确定本标准的某些要求不适用于其质量管理体系范围,应说明理由。

只有所确定的不适用的要求不影响组织确保其产品和服务合格的能力或责任,对增强顾客满意也不会产生影响,方可声称符合本标准的要求。

4.4　质量管理体系及其过程

4.1.1　组织应按照本标准的要求,建立、实施、保持和持续改进质量管理体系,包括所需过程及其相互作用。

组织应确定质量管理体系所需的过程及其在整个组织中的应用,且应:

a)确定这些过程所需的输入和期望的输出;

b)确定这些过程的顺序和相互作用;

c)确定和应用所需的准则和方法(包括监视、测量和相关绩效指标),以确保这些过程的有效运行和控制;

d)确定这些过程所需的资源并确保可获得;

e)分配这些过程的职责和权限;

f)按照 6.1 的要求应对风险和机遇;

g)评价这些过程,实施所需的变更,以确保实现这些过程的预期结果;

h)改进过程和质量管理体系。

4.4.2　在必要的范围和程度上,组织应:

a)保持成文信息以支持过程运行

b)保留成文信息以确信其过程按策划进行。

5　领导作用

5.1　领导作用和承诺

5.1.1　总则

最高管理者应通过以下方面,证实其对质量管理体系的领导作用和承诺:

a)对质量管理体系的有效性负责;

b)确保制定质量管理体系的质量方针和质量目标,并与组织环境相适应,与战略方向相一致;

c)确保质量管理体系要求融入组织的业务过程;

d)促进使用过程方法和基于风险的思维;

e)确保质量管理体系所需的资源是可获得的;

f)沟通有效的质量管理和符合质量管理体系要求的重要性;

g)确保质量管理体系实现预期结果;

h)促使人员积极参与、指导和支持他们为质量管理体系的有效性作出贡献；

i)推动改进；

j)支持其他相关管理者在其职责范围内发挥领导作用。

注：本标准使用的“业务”一词可广义地理解为涉及组织存在目的的核心活动，无论是公营、私营、营利或非营利组织。

5.1.2　以顾客为关注焦点

最高管理者应通过确保以下方面，证实其以顾客为关注焦点的领导作用和承诺：

a)确定、理解并持续地满足顾客要求以及适用的法律法规要求；

b)确定和应对风险和机遇，这些风险和机遇可能影响产品和服务合格以及增强顾客满意能力；

c)始终致力于增强顾客满意。

5.2　方针

5.2.1　制定质量方针

最高管理者应制定、实施和保持质量方针，质量方针应：

a)适应组织的宗旨和环境并支持其战略方向；

b)为建立质量目标提供框架；

c)包括满足适用要求的承诺；

d)包括持续改进质量管理体系的承诺。

5.2.2　沟通质量方针

质量方针应：

a)可获取并保持成文信息

b)在组织内得到沟通、理解和应用；

c)适宜时，可为有关相关方所获取。

5.3　组织内的角色、职责和权限

最高管理者应确保组织内相关角色的职责、权限得到分配、沟通和理解。

最高管理者应分配职责和权限，以：

a)确保质量管理体系符合本标准的要求；

b)确保各过程获得其预期输出；

c)报告质量管理体系的绩效及其改进机会(见10.1)，特别是向最高管理者报告；

d)确保在整个组织推动以顾客为关注焦点；

e)确保在策划和实施质量管理体系变更时保持其完整性。

6　策划

6.1　应对风险和机遇的措施

6.1.1　在策划质量管理体系时，组织应考虑到4.1所提及的因素和4.2所提及的要求，并确定需要应对的风险和机遇，以：

a)确保质量管理体系能够实现其预期结果；

b)增强有利影响；

c)预防或减少不利影响；

d)实现改进。

6.1.2　组织应策划：

a)应对这些风险和机遇的措施；

b)如何：

1)在质量管理体系过程中整合并实施这些措施(见4.4)；

2)评价这些措施的有效性。

应对措施应与风险和机遇对产品和服务符合性的潜在影响相适应。

注 1:通过信息充分的决策,应对风险可选择规避风险,为寻求机遇承担风险,消除风险源,改变风险的可能性和后果,分担风险,或保留风险。

注:机遇可能导致采用新实践,推出新产品,开辟新市场,赢得新客户,建立合作伙伴关系,利用新技术和其他可行之处,以应对组织或其顾客的需求。

6.2　质量目标及其实现的策划

6.2.1　组织应对相关职能、层次和质量管理体系所需的过程设定质量目标。

质量目标应:

a)与质量方针保持一致;

b)可测量;

c)考虑适用的要求;

d)与产品和服务合格以及增强顾客满意相关;

e)予以监视;

f)予以沟通;

g)适时更新。

组织应保持有关质量目标的成文信息。

6.2.2　策划如何实现质量目标时,组织应确定:

a)要做什么;

b)需要什么资源;

c)由谁负责;

d)何时完成;

e)如何评价结果。

6.3　变更的策划

当组织确定需要对质量管理体系进行变更时,变更应按所策划的方式实施(见 4.4)。

组织应考虑到:

a)变更目的及其潜在后果;

b)质量管理体系的完整性;

c)资源的可获得性;

d)责任和权限的分配或再分配。

7　支持

7.1　资源

7.1.1　总则

组织应确定并提供所需的资源,以建立、实施、保持和持续改进质量管理体系,

组织应考虑:

a)现有内部资源的能力和局限;

b)需要从外部供方获得的资源。

7.1.2　人员

组织应确定并提供所需要的人员,以有效实施质量管理体系,并运行和控制其过程。

7.1.3　基础设施

组织应确定、提供和维护所需的基础设施,以运行过程,并获得合格产品和服务。

注:基础设施可包括:

a)建筑物和相关设施；

b)设备，包括硬件和软件；

c)运输资源；

d)信息和通迅技术。

7.1.4　过程运行环境

组织应确定、提供并维护所需的环境，以运行过程，并获得合格产品和服务。

注：适当的过程运行环境可能是人文因素与物理因素的结合，例如：

a)社会因素(如无歧视、和谐稳定、无对抗)；

b)心理因素(减压、预防过度疲劳、保证情绪稳定)；

c)物理因素(如温度、热量、湿度、照明、空气流通、卫生、噪声等)。

由于所提供的产品和服务不同，这些因素可能存在显著差异。

7.1.5　监视和测量资源

7.1.5.1　总则

当利用监视或测量来验证产品和服务符合要求时，组织应确定并提供所需的资源，以确保结果有效和可靠。

组织应确保所提供的资源：

a)适合所开展的监视和测量活动的特定类型；

b)得到维护，以确保持续适合其用途。

组织应保留适当的成文信息，作为监视和测量资源适合其用途的证据。

7.1.5.2　测量溯源

当要求测量溯源时，或组织认为测量溯源是信任测量结果有效的基础时，测量设备应：

a)对照能溯源到国际或国家标准的测量标准，按照规定的时间间隔或在使用前进行校准和(或)检定，当不存在上述标准时，应保留作为校准或验证依据的成文信息；

b)予以标识，以确定其状态；

c)予以保护，防止由于调整、损坏或衰减所导致的校准状态和随后的测量结果的失效。

当发现测量设备不符合预期用途时，组织应确定以往测量结果的有效性是否受到不利影响，必要时应采取适当的措施。

7.1.6　组织的知识

组织应确定必要的知识，以运行过程，并获得合格产品和服务。

这些知识应予以保持，并能在所需的范围内得到。

为应对不断变化的需求和发展趋势，组织应审视现有的知识，确定如何获取或接触更多必要的知识和知识更新。

注1：组织的知识是组织特有的知识，通常从其经验中获得，是以实现组织目标所使用和共享的信息。

注2：组织的知识可以基于：

a)内部来源(例知识产权；从经验获得的知识；从失败和成功项目吸取的经验教训；获取和分享未成文的知识和经验，过程、产品和服务的改进结果)；

b)外部来源(例如标准；学术交流；专业会议，从顾客或外部供方收集的知识)。

7.2　能力

组织应：

a)确定其控制下工作的人员所需具备的能力，这些人员从事的工作影响质量管理体系绩效和有效性；

b)基于适当的教育、培训或经验，确保这些人员是胜任的；

c)适用时，采取措施以获得所需的能力，并评价措施的有效性；

d)保留适当的成文信息，作为人员能力的证据。

注：适当措施可包括对在职人员进行培训、辅导或重新分配工作，或者聘用、外包胜任的人员。

7.3　意识

组织应确保在其控制下工作人员知晓：

a)质量方针；

b)相关的质量目标；

c)他们对质量管理体系有效性的贡献，包括改进质量绩效的益处；

d)不符合质量管理体系要求的后果。

7.4　沟通

组织应确定与质量管理体系相关的内部和外部沟通，包括：

a)沟通什么；

b)何时沟通；

c)与谁沟通；

d)如何沟通；

e)由谁沟通。

7.5　成文信息

7.5.1　总则

组织的质量管理体系应包括：

a)本标准要求的成文信息；

b)组织确定的为确保质量管理体系有效性所需的成文信息；

注：对于不同组织，质量管理体系成文信息的多少与详略程度可以不同，取决于：

——组织的规模，以及活动、过程、产品和服务的类型；

——过程及其相互作用的复杂程序；

——人员的能力。

7.5.2　创建和更新

在创建和更新成文信息时，组织应确保适当的：

a)标识和说明(如：标题、日期、作者、索引编号)；

b)形式(如语言、软件版本、图表)和载体(如纸质的、电子的)；

c)评审和批准，以确保适宜性和充分性。

7.5.3　成文信息的控制

7.5.3.1　应控制质量管理体系和本标准所要求的成文信息，以确保

a)在需求的场合和时机，均可获得并适用；

b)予以妥善保护(如防止泄密、不当使用或缺失)。

7.5.3.2　为控制成文信息，适用时，组织应进行下列活动：

a)分发、访问、检索和使用；

b)存储和防护，包括保持可读性；

c)变更控制(如版本控制)；

d)保留和处置。

对于组织确定的策划和运行质量管理体系所必需的来自外部的成文信息，组织应进行适当识别，并予以控制。

对所保留的、作为符合性证据的成文信息应予以保护，防止非预期的更改。

注：对成为信息的“访问”可能意味着仅允许查阅，或者意味着允许查阅并授权修改。

8　运行

8.1　运行策划和控制

为满足产品和服务提供的要求，并实施第6章所确定的措施，组织应通过以下措施对所需的过程（见4.4）进行策划、实施和控制：

a)确定产品和服务的要求；

b)建立下列内容的准则：

1)过程；

2)产品和服务的接收。

c)确定所需的资源以使产品和服务符合要求

d)按照准则实施过程控制；

e)在必要的范围和程度上，确定并保持、保留成文信息，以：

1)确信过程已经按策划进行；

2)证明产品和服务符合要求。

策划的输出应适于组织的运行。

组织应控制策划的变更，评审非预期变更的后果，必要时，采取措施减轻不利影响。

组织应确保外包过程受控（见8.4）。

8.2　产品和服务的要求

8.2.1　顾客沟通

与顾客沟通的内容应包括：

a)提供有关产品和服务的信息；

b)处理问询、合同或订单，包括更改；

c)获取有关产品和服务的顾客反馈，包括顾客投诉；

d)处置或控制顾客财产；

e)关系重大时，制定应急措施的特定要求。

8.2.2　与产品和服务要求的确定

在确定向顾客提供的产品和服务的要求时，组织应确保：

a)产品和服务的要求得到规定，包括：

1)适用的法律法规要求；

2)组织认为的必要要求。

b)提供的产品和服务能够满足所声明的要求。

8.2.3　产品和服务要求的评审

8.2.3.1　组织应确保有能力向顾客提供满足要求的产品和服务。在承诺向顾客提供产品和服务之前，组织应对如下各项要求进行评审：

a)顾客规定的要求，包括对交付及交付后活动的要求；

b)顾客虽然没有明示，但规定的用途或已知的预期用途所必需的要求；

c)组织规定的要求；

d)适用于产品和服务的法律法规要求；

e)与以前表述不一致的合同或订单要求。

组织应确保与以前规定不一致的合同或订单要求已得到解决

若顾客没有提供成文的要求，组织在接受顾客要求前应对顾客要求进行确认。

注：在某些情况下，如网上销售，对每一个订单进行正式的评审可能是不实际的，作为替代方法，可评审有关的产品信息，如产品目录。

8.2.3.2　适用时，组织应保留与下列方面有关的成文信息：

a)评审结果；

b)产品和服务的新要求。

8.2.4　产品和服务要求的更改

若产品和服务要求发生更改，组织应确保相关的成文信息得到修改，并确保相关人员知道已更改的要求。

8.3　产品和服务的设计和开发

8.3.1　总则

组织应建立、实施和保持适当的设计和开发过程，以确保后续的产品和服务的提供。

8.3.2　设计和开发策划

在确定设计和开发的各个阶段和控制时，组织应考虑：

a)设计和开发活动的性质、持续时间和复杂程度；

b)所需的过程阶段，包括适用的设计和开发评审；

c)所需的设计和开发验证及确认活动；

d)设计和开发过程涉及的职责和权限；

e)产品和服务的设计和开发所需的内部和外部资源：

f)设计和开发过程参与人员之间接口的控制需求；

g)顾客和使用者参与设计和开发过程的需求；

h)对后续产品和服务提供的要求；

i)顾客和其他相关方期望的设计和开发过程的控制水平；

j)证实已经满足设计和开发要求所需的成文信息。

8.3.3　设计和开发输入

组织应针对所设计和开发的具体类型的产品和服务，确定必需的要求。要求应考虑：

a)功能和性能要求；

b)来源于以前类似设计和开发活动的信息；

c)法律法规要求；

d)组织承诺实施的标准或行业规范；

e)由产品和服务性质所导致的潜在失效后果。

针对设计和开发的目的，输入应是充分和适宜的，且应完整、清楚。

相互矛盾的设计和开发输入应得到解决。。

组织应保留有关设计和开发输入的成文信息。

8.3.4　设计和开发控制

组织应对设计和开发过程进行控制，以确保：

a)规定拟获得的结果；

b)实施评审活动，以评价设计和开发的结果满足要求的能力；

c)实施验证活动，以确保设计和开发输出满足输入的要求；

d)实施确认活动，以确保产品和服务能够满足规定的使用要求或预期用途；

e)针对评审、验证和确认过程中确定的问题采取必要措施；

f)保留这些活动的成文信息。

注：设计和开发的评审、验证和确认具有不同目的。根据组织的产品和服务的具体情况，可单独

或以任意组合的方式进行。

8.3.5　设计和开发输出

组织应确保设计和开发输出：

a)满足输入的要求；

b)满足后续产品和服务提供过程的需要；

c)包括或引用监视和测量的要求，适当时，包括接收准则；

d)规定产品和服务特性，这些特性对于预期目的、安全和正常提供是必需的。

组织应保留有关设计和开发输出的成文信息

8.3.6　设计和开发更改

组织应对产品和服务设计和开发期间以及后续所做的更改进行适当的识别、评审和控制，以确保这些更改对满足要求不会产生不利影响。

组织应保留下列方面的成文信息：

a)设计和开发更改；

b)评审的结果；

c)更改的授权；

d)为防止不利影响而采取的措施。

8.4　外部提供过程、产品和服务的控制

8.4.1　总则

组织应确保外部提供的过程、产品和服务符合要求。

在下列情况下，组织应确定对外部提供的过程、产品和服务实施的控制：

a) 外部供方的产品和服务将构成组织自身的产品和服务的一部分；

b) 外部供方代表组织直接将产品和服务提供给顾客；

c) 组织决定由外部供方提供过程或部分过程。

组织应基于外部供方按照要求提供过程、产品或服务的能力，确定并实施外部供方的评价、选择、绩效监视以及再评价的准则。对于这些活动和由评价引发的任何必要的措施，组织应保留成文信息。

8.4.2　控制类型和程度

组织应确保外部提供的过程、产品和服务不会对组织稳定地向顾客交付合格产品和服务的能力产生不利影响。

组织应：

a)确保外部提供的过程保持在其质量管理体系的控制之中；

b)规定对外部供方的控制及其输出结果的控制；

c)考虑：

1)外部提供的过程、产品和服务对组织稳定地满足顾客要求和适用的法律法规要求的能力的潜在影响；

2)外部供方实施控制的有效性；

d)确定必要的验证或其他活动，以确保外部提供的过程、产品和服务满足要求。

8.4.3　提供给外部供方的信息

组织应确保在与外部供方沟通之前所确定的要求是充分和适宜的。

组织应与外部供方沟通以下要求：

a) 需提供的过程、产品和服务；

b) 对下列内容的批准：

1)产品和服务；

2)方法、过程和设备；

3)产品和服务的放行；

c) 能力，包括所要求的人员资格；

d)外部供方与组织的互动；

e)组织使用的对外部供方绩效的控制和监视；

f)组织或其顾客拟在外部供方现场实施的验证或确认活动。

8.5　生产和服务提供

8.5.1　生产和服务提供的控制

组织应在受控条件下进行生产和服务提供。

适用时，受控条件应包括：

a)可获得成文信息，以规定以下内容：

1)拟生产的产品、提供的服务或进行的活动的特征；

2)拟获得的结果。

b)可获得和使用适宜的监视和测量资源；

c)在适当阶段实施监视和测量活动，以验证是否符合过程或输出的控制准则以及产品和服务的接收准则；

d)为过程的运行使用适宜的基础设施，并保持适宜的环境；

e)配备胜任的人员，包括所要求的资格；

f)若输出结果不能由后续的监视或测量加以验证，应对生产和服务提供过程实现策划结果的能力进行确认，并定期再确认；

g)采取措施防止人为错误；

h)实施放行、交付和交付后活动。

8.5.2　标识和可追溯性

需要时，组织应采用适当的方法识别输出，以确保产品和服务合格。

组织应在生产和服务提供的整个过程中按照监视和测量要求识别输出状态。

当有可溯要求时，组织应控制输出的唯一件标识，并应保所需的成文信息以实现可追溯。

8.5.3　顾客或外部供方的财产

组织应爱护在组织控制下或组织使用的顾客或外部供方的财产。

对组织使用的或构成产品和服务一部分的顾客和外部供方财产，组织应予以识别、验证、保护和防护。

若顾客或外部供方的财产发生丢失、损坏或发现不适用情况，组织应向顾客或外部供方报告，并保留所发生情况的成文信息。

注：顾客或外部供方的财产可能包括材料、零部件、工具和设备，顾客的场所，知识产权和个人资料。

8.5.4　防护

组织应在生产和服务提供期间对输出进行必要的防护，以确保符合要求。

注：防护可包括标识、处置、污染控制、包装、储存、传输或运输以及保护。

8.5.5　交付后的活动

组织应满足与产品和服务相关的交付后活动的要求。

在确定所要求的交付后活动的覆盖范围和程度时，组织应考虑：

a)法律法规要求；

b)与产品和服务相关的潜在不良的后果；

c)产品和服务的性质、使用和预期寿命；

d)顾客要求；

e)顾客反馈。

注：交付后活动可包括保证条款所规定的措施、合同义务(如维护服务等)、附加服务(如回收或最终处置等)。

8.5.6　更改控制

组织应对生产或服务提供的更改进行必要的评审和控制，以确保持续地符合要求。

组织应保留成文信息，包括有关更改评审的结果、授权进行更改的人员以及根据评审所采取的必要措施。

8.6　产品和服务的放行

组织应在适当阶段实施策划的安排，以验证产品和服务的要求已得到满足。

除非得到有关授权人员的批准，适用时得到顾客的批准，否则在策划的安排已圆满完成之前，不应向顾客放行产品和交付服务。

组织应保留有关产品和服务放行的成文信息。成文信息应包括：

a)符合接收准则的证据；

b)可追溯到授权放行人员的信息。

8.7　不合格输出的控制

8.7.1　组织应确保对不符合要求的输出进行识别和控制，以防止非预期的使用或交付。

组织应根据不合格的性质及其对产品和服务符合性的影响采取适当措施。这也适用于在产品交付之后，以及在服务提供期间或之后发现的不合格产品和服务。

组织应通过下列一种或几种途径处置不合格输出：

a)纠正；

b)隔离、限制、退货或暂停对产品和服务的提供；

c)告知顾客；

d)获得让步接收的授权。

对不合格输出进行纠正之后应验证其是否符合要求。

8.7.2　组织应保留下列成文信息

a)描述不合格；

b)描述所采取的措施；

c)描述获得的让步；

d)识别处置不合格的授权。

9　绩效评价

9.1　监视、测量、分析和评价

9.1.1　总则

组织应确定：

a)需要监视和测量什么；

b)需要用什么方法进行监视、测量、分析和评价，以确保结果有效；

c)何时实施监视和测量；

d)何时对监视和测量的结果进行分析和评价

组织应评价质量管理体系的绩效和有效性。

组织应保留适当的成文信息，以作为结果的证据。

9.1.2　顾客满意

组织应监视顾客对其需求和期望已得到满足的程度的感受。组织应确定获取、监视和评审该信息的方法。

注：监视顾客感受的例子可包括顾客调查、顾客对交付产品或服务的反馈、顾客座谈、市场占有率分析、顾客赞扬、担保索赔和经销商报告。

9.1.3　分析与评价

组织应分析和评价通过监视和测量获得的适当的数据和信息。

应利用分析结果评价：

a)产品和服务的符合性；

b)顾客满意程度；

c)质量管理体系的绩效和有效性；

d)策划是否得到有效实施；

e)应对风险和机遇所采取措施的有效性；

f)外部供方的绩效；

g)质量管理体系改进的需求。

注：数据分析方法可包括统计技术。

9.2　内部审核

组织应按照策划的时间间隔进行内部审核，以提供有关质量管理体系的下列信息：

a)是否符合：

1)组织自身的质量管理体系要求；

2)本标准的要求。

b)是否得到有效的实施和保持。

9.2.2　组织应：

a) 依据有关过程的重要性、对组织产生影响的变化和以往的审核结果，策划、制定、实施和保持审核方案，审核方案包括频次、方法、职责、策划要求和报告；

b)规定每次审核的审核准则和范围；

c)选择审核员并实施审核，以确保审核过程客观公正；

d)确保将审核结果报告给相关管理者；

e)及时采取适当的纠正和纠正措施；

f)保留成文信息，作为实施审核方案以及审核结果的证据。

注：相关指南参见 GB/T 19011。

9.3　管理评审

9.3.1　总则

最高管理者应按照策划的时间间隔对组织的质量管理体系进行评审，以确保其持续的适宜性、充分性和有效性，并与组织的战略方向一致。

9.3.2　管理评审输入

策划和实施管理评审时应考虑下列内容：

a)以往管理评审所采取措施的情况；

b)与质量管理体系相关的内外部因素的变化；

c)下列有关质量管理体系绩效和有效性的信息，包括其趋势：

1)顾客满意和有关相关方的反馈；

2)质量目标的实现程度；

3)过程绩效以及产品和服务的合格情况；

4)不合格及纠正措施；
5)监视和测量结果；
6)审核结果；
7)外部供方的绩效。
d)资源的充分性；
e)应对风险和机遇所采取措施的有效性(见 6.1)；
f)改进的机会。
9.3.3　管理评审输出
管理评审的输出应包括与下列事项相关的决定和措施：
a)改进的机会；
b)质量管理体系所需的变更；
c)资源需求。
组织应保留成文信息，作为管理评审结果的证据。
10　改进
10.1　总则
组织应确定和选择改进机会，并采取必要措施，以满足顾客要求和增强顾客满意。
这应包括：
a)改进产品和服务，以满足要求并应对未来的需求和期望；
b)纠正、预防或减少不利影响；
c)改进质量管理体系的绩效和有效性。
注：改进的例子可包括纠正、纠正措施、持续改进、突破性变革、创新和重组。
10.2　不合格和纠正措施
10.2.1　当出现不合格时，包括来自投诉的不合格，组织应：
a)对不合格做出应对，并在适用时：
1)采取措施以控制和纠正不合格；
2)处置后果。
b)通过下列活动，评价是否需要采取措施，以消除产生不合格的原因，避免其再次发生或者在其他场合发生：
1)评审和分析不合格；
2)确定不合格的原因；
3)确定是否存在或可能发生类似的不合格。
c)实施所需的措施；
d)评审所采取的纠正措施的有效性；
e)需要时，更新策划期间确定的风险和机遇；
f)需要时，变更质量管理体系。
纠正措施应与不合格所产生的影响相适应。
10.2.2　组织应保留成文信息，作为下列事项的证据：
a)不合格的性质以及随后所采取的措施；
b)纠正措施的结果。
10.3　持续改进
组织应持续改进质量管理体系的适宜性、充分性和有效性。
组织应考虑分析和评价的结果以及管理评审输出，以确定是否存在需求和机遇，这些需求或机遇应作为持续改进的一部分加以应对。

三、质量管理七项原则

(一)以顾客为关注焦点

质量管理的主要关注点是满足顾客要求并且努力超越顾客的期望，组织只有赢得顾客和其他相关方的信任才能获得持续成功。与顾客相互作用的每个方面，都提供了为顾客创造更多价值的机会。理解顾客和其他相关方当前和未来的需求，有助于组织的持续成功。

通过以顾客为关注焦点的原则，可获得收益包括：增加顾客价值；提高顾客满意；增进顾客忠诚；增加重复性业务；提高组织的声誉；扩展顾客群；增加收入和市场份额 。

1. 了解从组织获得价值的直接和间接顾客
2. 了解顾客当前和未来的需求和期望
3. 将组织的目标与顾客的需求和期望联系起来
4. 将顾客的需求和期望，在整个组织内予以沟通
5. 为满足顾客的需求和期望，对产品和服务进行策划、设计、开发、生产、支付和支持
6. 测量和监视顾客满意度，并采取适当措施
7. 确定有可能影响到顾客满意度的相关方的需求和期望，确定并采取措施
8. 积极管理与顾客的关系，以实现持续成功

(二)领导作用

各层领导建立统一的宗旨及方向，他们应当创造并保持使员工能够充分与实现目标的内部环境。统一的宗旨和方向，以及全员参与，能够使组织将战略、方针、过程和资源保持一致，以实现其目标 。

通过领导作用的原则，可获得收益包括：提高实现组织质量目标的有效性和效率；组织的过程更加协调；改善组织各层次、各职能间的沟通；开发和提高组织及其人员的能力，以获得期望的结果。

1. 在整个组织内，就其使命、愿景、战略、方针和过程进行沟通
2. 在组织的所有层次创建并保持共同的价值观和公平道德的行为模式，培育诚信和正直的文化
3. 鼓励在整个组织范围内履行对质量的承诺
4. 确保各级领导者成为组织人员中的实际楷模
5. 为组织人员提供履行职责所需的资源、培训和权限
6. 激发、鼓励和表彰员工的贡献

(三)全员参与

整个组织内各级人员的胜任、授权和参与，是提高组织创造价值和提供价值能力的必要条件。为了有效和高效的管理组织，各级人员得到尊重并参与其中是极其重要的。通过表彰、授权和提高能力，促进在实现组织的质量目标过程中的全员参与。

通过全员参与的原则，可获得收益包括：通过组织内人员对质量目标的深入理解和内在动力的激发以实现其目标；在改进活动中，提高人员的参与程度；促进个人发展、主动性和创造力；提高员工的满意度；增强整个组织的信任和协作；促进整个组织对共同价值观和文化的关注

1. 与员工沟通，以增进他们对个人贡献的重要性的认识
2. 促进整个组织的协作
3. 提倡公开讨论，分享知识和经验

4. 让员工确定工作中的制约因素，毫不犹豫地主动参与
5. 赞赏和表彰员工的贡献、钻研精神和进步
6. 针对个人目标进行绩效的自我评价
7. 为评估员工的满意度和沟通结果进行调查，并采取适当的措施

（四）过程方法

当活动被作为相互关联的功能练过过程进行系统管理时，可更加有效和高效的始终得到预期的结果。质量管理体系是由相互关联的过程所组成。理解体系是如何产生结果的，能够使组织尽可能地完善体系和绩效

通过过程方法的原则，可获得收益包括：提高关注关键过程和改进机会的能力；通过协调一致的过程体系，始终得到预期的结果；通过过程的有效管理、资源的高效利用及职能交叉障碍的减少，尽可能提高绩效；使组织能够向相关方提供关于其一致性、有效性和效率方面的信任

1. 确定体系和过程需要达到的目标
2. 为管理过程确定职责、权限和义务
3. 了解组织的能力，事先确定资源约束条件
4. 确定过程相互依赖的关系，分析个别过程的变更对整个体系的影响
5. 对体系的过程及其相互关系继续管理，有效和高效地实现组织的质量目标
6. 确保获得过程运行和改进的必要信息，并监视、分析和评价整个体系的绩效
7. 对能影响过程输出和质量管理体系整个结果的风险进行管理

（五）改进

成功的组织总是致力于持续改进。改进对于组织保持当前的业绩水平，对其内外部条件的变化做出反应并创造新的机会都是非常必要的。

通过改进的原则，可获得收益包括：改进过程绩效、组织能力和顾客满意度；增强对调查和确定基本原因以及后续的预防和纠正措施的关注；提高对内外部的风险和机会的预测和反应能力；增加对增长性和突破性改进的考虑 ；通过加强学习实现改进；增加改革的动力

1. 促进在组织的所有层次建立改进目标
2. 对各层次员工进行培训，使其懂得如何应用基本工具和方法实现改进目标
3. 确保员工有能力成功地制定和完成改进项目
4. 开发和部署整个组织实施的改进项目
5. 跟踪、评审和审核改进项目的计划、实施、完成和结果
6. 将新产品开发或产品、服务和过程的更改都纳入到改进中予以考虑
7. 赞赏和表彰改进

（六）循证决策

基于数据和信息的分析和评价的决策更有可能产生期望的结果，决策是一个复杂的过程，并且总是包含一些不确定因素。它经常涉及多种类型和来源的输入及其解释，而这些解释可能是主观的。重要的是理解因果关系和潜在的非预期后果。对事实、证据和数据的分析可导致决策更加客观，因而更有信心。

通过循证决策的原则，可获得收益包括：改进决策过程 ；改进对实现目标的过程绩效和能力的评估；改进运行的有效性和效率；增加评审、挑战和改变意见和决策的能力；增加证实以往决策有效性的能力

1. 确定、测量和监视证实组织绩效的关键指标
2. 使相关人员能够获得所需的全部数据
3. 确保数据和信息足够准确、可靠和安全
4. 使用适宜的方法对数据和信息进行分析和评价
5. 确保人员对分析和评价所需的数据是胜任的
6. 依据证据，权衡经验和直觉进行决策并采取措施

(七)关系管理

为了持续成功，组织需要管理与供方等相关方的关系 。相关方影响组织的绩效。组织管理与所有相关方的关系，以最大限度地发挥其在组织绩效方面的作用。对供方及合作伙伴的关系网的管理时非常重要的。

通过关系管理的原则，可获得收益包括：通过对每一个与相关方有关的机会和限制的响应，提高组织及其相关方的绩效；对目标和价值观，与相关方有共同的理解；通过共享资源和能力，以及管理与质量有关的风险，增加为相关方创造价值的能力；使产品和服务稳定流动的、管理良好的供应链。

1. 确定组织和相关方(例如：供方、合作伙伴、顾客、投资者、雇员或整个社会)的关系
2. 确定需要优先管理的相关方的关系
3. 建立权衡短期收益与长期考虑的关系
4. 收集并与相关方共享信息、专业知识和资源
5. 适当时，测量绩效并向相关方报告，以增加改进的主动性
6. 与供方、合作伙伴及其他相关方共同开展开发和改进活动
7. 鼓励和表彰供方与合作伙伴的改进和成绩

第三节　企业实施 GB/T19001 标准意义

一、施工企业建立质量体系的目的

(一)建筑企业就是向社会提供符合用户需要的建筑产品或服务

企业要生存发展和兴旺发达，就必须有合格的产品或服务。建筑企业设计和建造的建筑产品必须达到下列要求：

1. 满足规定的需要和用途或目的；
2. 满足用户对建筑产品质量的要求和期望；
3. 符合适用的标准和规范；
4. 符合法律、法规、规章、法令、准则和有关环境、健康、安全因素以及能源和物资的保护等方面的规定和要求；
5. 建筑产品工期、成本最佳组合，在建筑市场有竞争力；
6. 能使企业获得良好的经济效益。这些要求迫使建筑企业提出确定的质量方针和质量目标，进而有效控制技术、管理、人员，减少或消除质量缺陷。

(二)建筑企业建立质量体系,必须充分考虑企业与用户双方风险、费用

用户的风险是承担质量缺陷的建筑产品所造成的生命、财产损失和使用中的不便,还有发生处置质量缺陷所承担的费用。建筑企业的风险是带有质量缺陷的建筑产品或服务,导致企业信誉度下降,造成工期拖延、返修维修率高、资源浪费以及为产品(工程)维修、故障处理及索赔而付出的费用,造成成本加大,甚至会丧失市场。

(三)建筑企业建立质量体系应符合下列要求

1.具有系统性。建筑企业建立质量体系应包括建筑产品产生、形成和实现的全过程、贯穿质量的所有环节,把影响这些环节的技术、管理和人员等因素全部控制起来,并对全过程中的所有质量活动进行系统分析,以贯彻企业质量方针。

2.突出预防性。建立质量体系,要突出预防思想,每项质量活动都要订好计划,规定好程序,使质量活动处于受控状态,并把全过程中质量缺陷减到最低程度,千万不能完全依靠事后检查来验证。

3.保持适用性。建筑企业确立质量体系,必须结合企业、产品、工艺特点等因素,选择适当的体系要素和决定要素的程度,使质量体系保持适用性,确保有效性。

4.符合经济性。建筑企业所建立的质量体系既要符合用户的要求,又要考虑企业的利益,使质量体系效果达到最优化,圆满解决企业与用户的双方风险、费用、利益关系问题。

二、施工企业建立质量体系的基本原则

(一)建筑企业建立质量体系要坚持适应环境的原则

企业面对各种不同的合同环境,需要有不同范围、不同程度的外部质量保证,这些环境的区别影响着质量体系保证程度,影响着质量体系要素的确定与实现。因此,企业建立质量体系,选择质量体系要素,首先要了解外部合同环境所需要的质量保证范围和质量保障程度,进行确定质量体系的要素数量和质量活动保障程度,真正做到所建立的质量体系适合环境的要求和限制。

(二)建筑企业建立质量体系要坚持适应建筑工程特点的原则

建筑工程受到工期长、技术难度大、投资大、地域差异大等因素制约,不同的工程项目其主体结构形式、外部装饰装修水平和建筑产品要求都不可能完全一致,常常存在较大差异,加上建筑施工的特殊性和返修返工的艰巨性。因此,建筑企业建立质量体系时,必须充分、全面地考虑到建筑工程的特点,深刻了解建筑工程施工各工序应达到的质量要求及对各环节工序影响工程质量的因素控制范围和程度的要求,进而确定质量体系的要素项目、数量和要素采用程序,保证稳定地实现工程质量特性与特征要求。总之,质量体系必须符合建筑工程的特点,才能发挥其重要作用。

(三)建筑企业建立质量体系要坚持实现企业目标的原则

建筑企业质量体系的建立,必须保证企业目标的实现。企业目标的质量管理工作要体现在质量体系的组织机构、责任和权限上。因此,要选择合适的质量体系要素,建立完善的质量体系,进行合理的质量管理职能分解,落实质量责任制。建筑企业要按照国家关于质量体系的文件规定进行管理,使质量体系正常运转。通过质量审核和评定,提高质量体系的运转效益,满足用户明确或隐含要求,使企业与用户在风险、成本、利益三者达到完美结合。

(四)建筑企业建立质量体系要坚持最低风险、最佳成本、最大利益的原则

质量目标是市场需求、社会制约、建筑设计及结构情况等使用条件所确定的满足社会与用户要求的高度统一。质量体系要实现社会效益和企业效益的统一。质量体系要求企业应设计有效的体系标准,满足用户的需要和期望,保护企业利益。总之,完善的质量体系是有机处理风险、成本、利益三者关系的结果,对建筑工程及服务的质量发挥着重要的控制、评价、监督、纠正作用。

只有切实坚持适应环境原则,适应建筑工程特点原则,实现企业目标原则,实现最低风险、最佳成本、最佳利益三结合原则,建筑企业才能建立和完善高效简明的质量体系,适应各种不同环境,降低企业经营风险,全面实现企业目标,使全企业在激烈的市场竞争中立于不败之地。

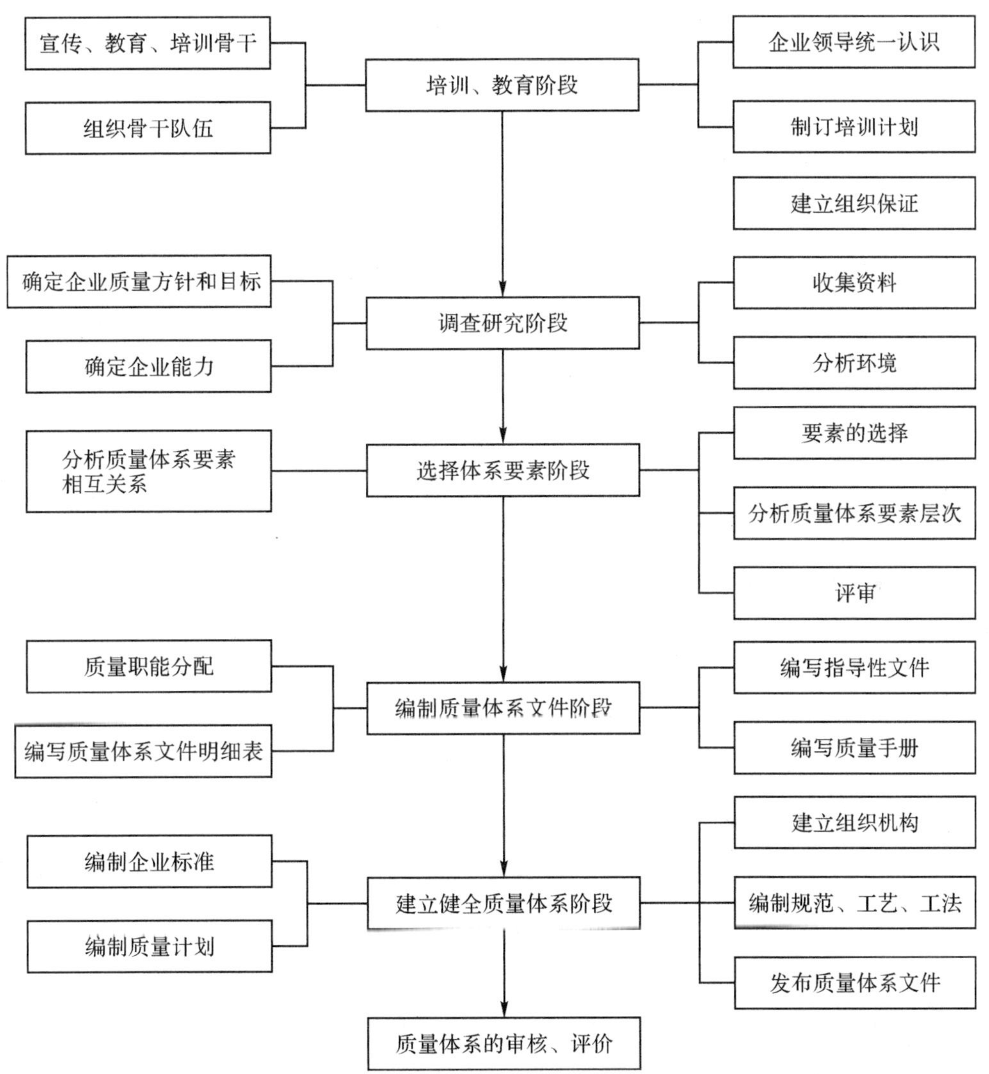

图 2.1　建立健全质量体系程序图

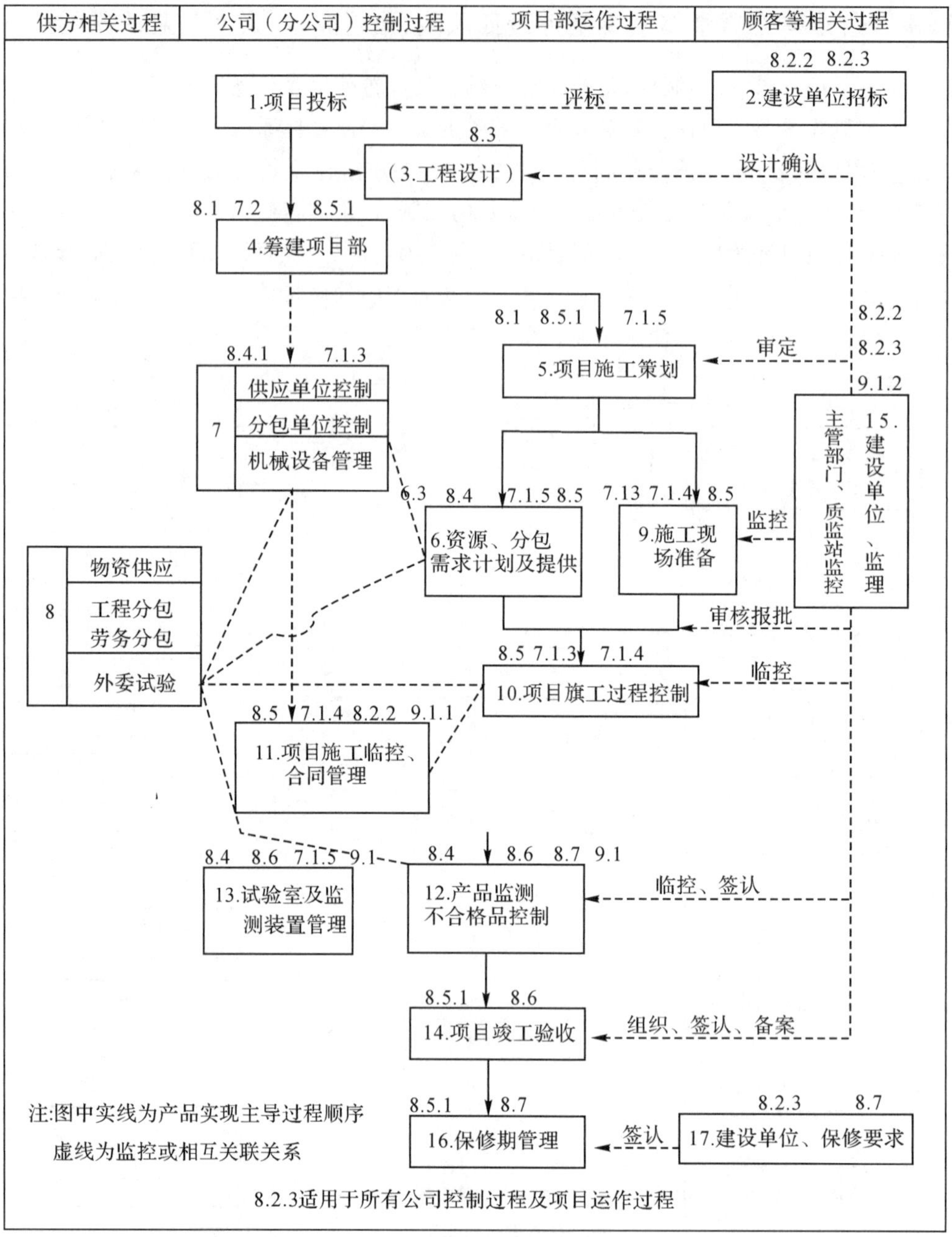

供方相关过程	公司（分公司）控制过程	项目部运作过程	顾客等相关过程

1.项目投标
8.2.2 8.2.3
2.建设单位招标
评标
8.3
（3.工程设计）
设计确认
8.1 7.2 8.5.1
4.筹建项目部
8.1 8.5.1 7.1.5
8.2.2
8.2.3
9.1.2
审定
5.项目施工策划
8.4.1 7.1.3
7 供应单位控制
分包单位控制
机械设备管理
15.建设单位、监理
主管部门、质监站监控
6.3 8.4 7.1.5 8.5
6.资源、分包需求计划及提供
7.13 7.1.4 8.5
9.施工现场准备
监控
8 物资供应
工程分包
劳务分包
外委试验
审核报批
8.5 7.1.3 7.1.4
10.项目旗工过程控制
临控
8.5 7.1.4 8.2.2 9.1.1
11.项目施工临控、合同管理
8.4 8.6 7.1.5 9.1
13.试验室及监测装置管理
8.4 8.6 8.7 9.1
12.产品监测不合格品控制
临控、签认
8.5.1 8.6
14.项目竣工验收
组织、签认、备案
注:图中实线为产品实现主导过程顺序
虚线为监控或相互关联关系
8.5.1 8.7
16.保修期管理
签认
8.2.3 8.7
17.建设单位、保修要求
8.2.3适用于所有公司控制过程及项目运作过程

图 2.2 施工企业典型业务流程图

三、企业质量体系要素的选用

质量体系要素应以企业质量管理所涉及的范围及企业自身的特点，参照 GB/T 19001 标准所列质量体系要素的内容，选用和增删要素。虽然标准对文件编制要求不多，但建筑业具有高风险性，在编写质量管理体系文件时应考虑以下因素：一是必须保持文件体系的基本内容和框架，不能随意剪裁有关要素。二是要保证标准规定的 6 个程序文件：文件控制程序，质量记录控制程序，不合格控制程序，内部审核程序，纠正措施程序，预防措施程序。在这 6 个程序文件的基础上，各建筑装饰企业可依据自身的实际情况进行策划并作出具体的重新组合的编写规定。三是选择体系要素应作适当的分级设置，即根据文件的重要性实行文件管理的分级控制和分级运作，以满足装饰企业管理幅度大的要求。四是要素的细化程度要与企业的素质和能力相适应。五是要素的编制应体现以顾客为中心的思想。将顾客满意度、顾客沟通等条款内容纳入《服务程序》中。六是文件需要保存记录的地方应体现持续改进、以顾客为中心和互利的供方关系的内容。

四、质量管理体系认证

质量体系认证是指由第三方机构对供方(承包方)的质量体系进行评定和注册的活动。这里的第三方机构指的是国家认证认可监督管理委员会认可的质量体系认证机构。

(一)质量体系认证的特征

1. 认证的对象是质量体系,而不是工程实体;

2. 认证的依据是《质量管理体系要求》,而不是工程的质量标准;

3. 认证的结论是质量体系是否符合标准,是否有保证工程质量的能力,而不是证明工程实体是否符合有关技术标准;

4. 认证合格标志只能用于宣传,不得用于工程实体。

(二)施工企业认证要求

国家认证认可监督管理委员会与住房和城乡建设部于 2010 年发布公告(〔2010〕21),“关于在建筑施工领域质量管理体系认证中应用《工程建设施工企业质量管理规范》的公告”中明确,为进一步提高建筑施工企业质量管理水平,为社会提供优质建筑,满足建筑施工领域工作专业性强的需求,国家认证认可监督管理委员会与住房和城乡建设部决定在建筑施工领域质量管理体系认证中应用《工程建设施工企业质量管理规范》(GB/T50430),自 2010 年 8 月 1 日起,在建筑施工领域质量管理体系认证中,应依照《质量管理体系要求》(GB/T19001—2008)和《工程建设施工企业质量管理规范》(GB/T50430)执行。国家质量监督检验检疫总局、国家标准化管理委员会于 2016 年 12 月 30 日正式发布 GB/T19000—2016/ISO9000：2015《质量管理体系 基础和术语》和 GB/T19001—2016/ISO9001：2015《质量管理体系 要求》两项国家标准,代替 GB/T19000—2008 及 GB/T19001—2008 标准,并于 2017 年 7 月 1 日开始实施。

施工企业从 20 世纪 80 年代开始贯彻执行 ISO9000 族质量管理国际标准,并且在行业内普及。但是,为什么工程建设施工质量仍然存在许多问题,原因是多方面的,最主要的是 ISO9000 族质量管理标准是以欧美制造业为基础产生的,虽经多次修订,可以用于各种行业、但由于具体贯彻执行时未能解决结合行业特点进行,因而缺少可操作性和行业实质性的指导,给施工有效实施 ISO9000 族质量管理标准造成了困难。为改变这种状况,快速提升工程施工企业有效实施 ISO9000 族质量管理标准,建立有效的质量管理体系,这就需要更具有行业特征的质量管理规范给予支持,以利于工程建设施工企业开展质量管理活动,建立有效的质量管理体系,有助于进一步推进工程建设施工企业的现代化发展进程。

鉴于此,住房和城乡建设部联合国家认证认可监督管理委员会,各认证机构自 2010 年 11 月 1 日起,在中国境内对在施工企业进行质量管理体系认证时,应当依据《质量管理体系要求》和《工程建设施工企业质量管理规范》开展认证审核活动。

五、《工程建设施工企业质量管理规范》内容

在 2007 版《工程建设施工企业质量管理规范》的基础上,结合 ISO9001：2015 质量管理标准新理念,由中华人民共和国住房和城乡建设部负责组织,出台了 GB/T 50430——2017 新版标准。该《规

范》于2017年5月4日发布(住建部第〔1539〕号),2017年10月30日正式出版发行,于2018年1月1日起正式实施。新旧《规范》标准框架对比如下表:

GB/T 50430—2007	GB/T 50430—2017
1 总则	1 总则
2 术语	2 术语
3 质量管理基本要求 3.1 一般规定 3.2 质量方针和质量目标 3.3 质量管理体系的策划和建立 3.4 质量管理体系的实施和改进 3.5 文件管理	3 基本规定 3.1—般规定 3.2 质量方针和质量目标 3.3 质量管理体系的策划和建立 3.4 质量管理体系的实施和改进 3.5 文件和记录管理
4 组织机构和职责 4.1 一般规定 4.2 组织机构 4.3 职责和权限	4 组织机构和职责 4.1 一般规定 4.2 组织机构 4.3 领导作用与管理职责
5 人力资源管理 5.1 一般规定 5.2 人力资源配置 5.3 培训	5 人力资源管理 5.1—般规定 5.2 人力资源配置 5.3 培训
6 施工机具管理 6.1 一般规定 6.2 施工机具配备 6.3 施工机具使用	7 施工机具与设施管理 7.1—般规定 7.2 配备 7.3 安装、拆除与验收 7.4 使用与维护
7 投标及合同管理 7.1 一般规定 7.2 投标及签约 7.3 合同管理	6 投标及合同管理 6.1—般规定 6.2 投标管理 6.3 合同管理
8 建筑材料、构配件和设备管理 8.1 一般规定 8.2 建筑材料、构配件和设备的采购 8.3 建筑材料、构配件和设备的验收 8.4 建筑材料、构配件和设备的现场管理 8.5 发包方提供的建筑材料、构配件和设备	8 工程材料、构配件和设备管理 8.1 一般规定 8.2 采购 8.3 进场验收 8.4 现场管理 8.5 不合格工程材料、构配件和设备的控制
9 分包管理 9.1 一般规定 9.2 分包方的选择和分包合同 9.3 分包项目实施过程的控制	9 分包管理 9.1 一般规定 9.2 分包方选择 9.3 分包项目实施过程管理 9.4 分包工程质量验收
10 工程项目施工质量管理 10.1 一般规定 10.2 策划 10.3 施工设计 10.4 施工准备 10.5 施工过程质量控制 10.6 服务	10 工程项目质量管理 10.1—般规定 10.2 策划 10.3 工程设计 10.4 施工准备 10.5 过程控制 10.6 变更控制 10.7 交付与服务

续表

GB/T　50430—2007	GB/T　50430—2017
11　施工质量检查与验收 11.1 一般规定 11.2 施工质量检查 11.3 施工质量验收 11.5 检测设备管理 11.4 施工质量问题的处理	11　工程质量检查与验收 11.1 一般规定 11.2 检查 11.3 验收 11.4 检测设备管理 11.5 质量问题与事故处理
12　质量管理自查与评价 12.1 一般规定 12.2 质量管理活动的监督检查与评价	12　质量管理检查、分析、评价与改进 12.1 一般规定 12.2 检查 12.3 分析 12.4 评价 12.5 改进
13　质量信息和质量管理改进 13.1 一般规定 13.2 质量信息的收集、传递、分析与利用 13.3 质量管理改进与创新	

六、《质量管理系统要求》和《工程建设施工企业质量管理规范》对应条款

GB/T19001 标准条款		GB/T50430 规范条款
1.范围	1　范围	1.总则
2.规范性引用文件	2　规范性引用文件	
3.术语和定义	3　术语和定义	2.术语
4.组织环境	4.1　理解组织及其环境	
	4.2　理解相关方的需求和期望	
	4.3　确定质量管理体系的范围	1.总则
	4.4　质量管理体系及其过程	3.1,3.3,3.4,3.5
5.领导作用	5.1　领导作用和承诺	4.3,6.1,12.3,12.4
	5.2　方针	3.2
	5.3　组织的岗位、职责和权限	4.1,4.2,4.3,12.1
6.策划	6.1　应对风险和机遇的措施	3.2,3.3
	6.2　质量目标及其实施的策划	3.3,3.4,10.2
	6.3　变更的策划	3.3, 10.6
7.支持	7.1　资源	5.1,5.2,5.3,7.1,7.2,7.3,7.4,8.4,10.5,11.4
	7.2　能力	5.1,5.2,5.3
	7.3　意识	5.1,5.2,5.3
	7.4　沟通	4.1,4.2,4.3,12.1
	7.5　成文信息	3.3,3.5

续表

GB/T19001 标准条款		GB/T50430 规范条款
8.运行	8.1　运行的策划和控制	10.2,10.5,10.6
	8.2　产品和服务的要求	6.1,6.2,6.3,10.2
	8.3　产品和服务的设计和开发	10.3
	8.4　外部提供的过程、产品和服务的控制	7.1,7.2,8.1,8.2,8.3,9.1,9.2,9.3,9.4
	8.5　生产和服务提供	8.4,10.2,10.4,10.5,10.6,10.7
	8.6　产品和服务的放行	8.3,9.3,9.4,10.7,11.2,11.3,12.2,12.3,12.4
	8.7　不合格输出的控制	8.3,8.5,11.5
9.绩效评价	9.1　监视、测量、分析和评价	8.3,9.3,9.4,10.7,11.2,11.3,11.4,12.2,13.2
	9.2　内部审核	8.3,9.3,10.6,11.2,11.3,12.2,12.3,12.4
	9.3　管理	3.4,12.1,12.2,12.3,12.4
10.持续改进	10.1　总则	12.5
	10.2　不符合和纠正措施	12.5
	10.3　持续改进	12.5

1.掌握质量管理七项原则的基本内容。

2.装饰装修施工企业质量管理体系认证的意义。

第三章　施工质量计划的内容和编制方法

本章共 3 节，主要介绍施工质量计划内容和编制的方法。要求了解质量计划的主要内容，策划的概念，掌握编制计划方法，从而能够编制施工计划。

第一节　质量策划的概念

质量策划致力于设定质量目标，而质量目标是这种方向上的某一个点。质量策划就是要根据质量方针的规定，并结合具体情况来确立这“某一个点”。由于质量策划的内容不同、对象不同，因而这“某一个点”也有所不同，但质量策划的首要结果就是设定质量目标。因此，它与我们平时所说的“计策、计谋和办法”是不同的。质量策划要为实现质量目标规定必要的作业过程和相关资源。

一、工程项目的质量策划

工程项目的质量策划是指通过调查研究和收集资料，在充分占有信息的基础上，针对项目的决策和实施，或决策和实施的某个问题，进行组织、管理、经济和技术等方面的科学分析和论证，旨在为项目建设的决策和实施增值。增值可以反映在以下方面：

人类生活和工作的环境保护；

建筑环境；

项目的使用功能和建设质量；

建设成本和经营成本；

社会效益和经济效益；

建设周期；

建设过程的组织和协调等。

二、工程项目策划的过程

工程项目质量策划的过程是专家知识的组织和集成过程，其实质是质量管理的过程，即通过知识的获取、经过知识的编写、组合和整理而形成新的知识。工程项目质量策划是一个开放性的工作过程，需整合多方面专家知识，如：组织知识、管理知识、经济知识、技术知识、设计经验、施工经验，项目管理经验，项目策划经验等。

第二节　施工项目质量计划的内容

通过质量策划，将质量策划设定的质量目标及其规定的作业过程和相关资源用书面形式表示出来，就是质量计划。因此，编制质量计划的过程，实际上就是质量策划过程的一部分。

编制质量计划目的在于制定并采取措施实现质量目标，为此规定必要的运行过程，包括产品的实现过程和产品的支持过程，以及运行这些进程设计的相关资源。所以质量策划是一种活动，质量策划的结果应形成质量计划，主要内容：

工程特点及施工条件（合同条件、法律法规条件和环境条件）；

质量总目标及其分目标；

质量管理组织机构和职责，人员及资源配置计划；

确定施工工艺与操作方法的技术方案和施工组织方案；

施工材料、设备等物资的质量管理及控制措施；

施工质量检验、检测、试验工作的计划安排及其实施方法与接收准则；

施工质量控制点及其跟踪控制的方式与要求；

质量记录的要求等。

第三节　施工质量计划的编制方法

施工质量计划编制主要可以从两方面考虑。

一、总体策划

确定选聘项目经理、项目工程师，应挑选有相应资格、有工程施工管理经验的人员，任命为项目经理、项目工程师，并能持证上岗。同时根据工程特点、施工规模、接收难度等情况确定项目部人数，不宜超编，也不宜无限压缩，确保项目部工作能够高效运转。

确定项目总体质量目标，依据合同条款的要求，确定目标，如果项目分为几个单位工程，应确定各个单位工程的质量目标。

确定项目交底目标，施工周期应依据工程进度的合理安排和人员、资源的配置供应情况，综合考虑，在保证满足项目的合同要求外、又不影响其他施工工期的前提下，制订工期指标。通过编制横道图等网络计划来控制。

确定项目目标成本，应根据分项分部的工程量、人工费、管理费、不可预见费等，核算出项目的成本指标要求。

物资供应，应依据工程项目大小、施工地点的远近、材料的种类，确定各种材料的供应方式，采取就近采购的原则，并对材料的检测方法等应做出相应的计划。

项目部的临建设置，对项目部的生活、施工区的建设应作出规划。这样有利于消除施工安全隐患、降低材料浪费，工程质量才能有保证，生产效率才能提高。

二、细部策划

被任命担任的项目经理、项目工程师及相关技术、质量人员应熟悉施工现场，沟通各种联系渠道，依据总体策划的目标进行细部策划。

分部、分项工程策划。项目部应按照国家规范标准的规定，统一划分分部分项工程，为质量目标分解、分项承包、成本核算等管理上提供方便。

质量目标分解，项目的总体目标已经明确，但还要依靠分部分项来实现，对目标逐一分解，以便当目标实际完成效果有偏差时尽快调整和部署，确保项目总体目标的实现。

项目质量、进度目标的控制方法。项目质量已做规定，但要对关键过程、特殊过程，应列出检验和试验的计划，规定哪些过程的测量分析要应用统计计划等，确定关键路线和关键工序，从而安排施工顺序，通过人力物力合理调动，保证进度符合规定要求，当安全、成本与之发生冲突时，应该怎样协调，也是质量策划的一项重要内容。

文件、资料的配备，与工程有关的标准规范、质量文件等都是施工必备的文件，怎样获得这些有效的文件，还缺哪些文件，项目部还需补充编制哪些技术文件和管理办法等都明确规定。

施工人员、材料和机械的配备。根据工期、成本及工程特点，策划出本项目的各施工阶段的机械、劳动力和主要物资、设备的详细需要量，以便及时到场。

三、质量策划文件的输出

将项目质量总体策划和细部策划的结果形成文件，诸如：项目质量计划、施工组织设计、工程承包责任书、任命书等，并加以控制，其中工程质量计划是一种针对性很强的控制和保证工程质量的文件，在项目质量策划中占有相当重要的位置。

1. 施工项目质量计划的内容有哪些？
2. 施工质量计划的编制方法主要从哪几方面考虑？

第四章　工程质量控制的方法

本章共 5 节，主要介绍影响工程质量的主要因素、施工中质量控制方法及设置质量控制点的原则和方法。要求熟悉工程质量控制的方法。

第一节　影响质量的主要因素

建设工程项目质量的影响因素，主要是指在建设工程项目质量目标策划、决策和实现过程中影响质量形成的各种客观因素和主观因素，包括人的因素、技术因素、管理因素、环境因素和社会因素等。

一、人的因素

人的因素对建设工程项目质量形成的影响，取决于两个方面：一是指直接履行建设工程，项目质量职能的决策者、管理者和作业者个人的质量意识及质量活动能力；二是指承担建设工程项目策划、决策或实施的建设单位、勘察设计单位、咨询服务机构、工程承包企业等实体组织的质量管理体系及其管理能力。前者是个体的人，后者是群体的人。我国实行建筑业企业经营资质管理制度、市场准入制度、执业资格注册制度、作业及管理人员持证上岗制度等，从本质上说，都是对从事建设工程活动的人的素质和能力进行必要的控制。此外，《建筑法》和《建设工程质量管理条例》还对建设工程的质量责任制度做出明确规定，如规定按资质等级承包工程任务，不得越级、不得挂靠、不得转包，严禁无证设计、无证施工等，从根本上说，也是为了防止因人的资质或资格失控而导致质量活动能力和质量管理能力失控。

二、技术因素

影响建设工程项目质量的技术因素涉及的内容十分广泛，包括直接的工程技术和辅助的生产技术，前者如工程勘察技术、设计技术、施工技术、材料技术等，后者如工程检测检验技术、试验技术等。建设工程技术的先进程度，从总体上说取决于国家一定时期的经济发展和科技水平，取决于建筑业及相关行业的技术进步。对于具体的建设工程项目，主要是通过技术工作的组织与管理，优化技术方案、发挥技术因素对建设工程项目质量的保证作用。

三、管理因素

影响建设工程项目质量的管理因素，主要是决策因素和组织因素，其中，决策因素首先是业主方的建设工程项目决策;其次是建设工程项目实施过程中,实施主体的各项技术决策和管理决策。实践证明,没有经过资源论证、市场需求预测,盲目建设,重复建设,建成后不能投入生产或使用,所形成的合格而无用途的建筑产品,从根本上说是对社会资源的极大浪费,不具备质量的适用性特征。同样,盲目追求高标准,缺乏质量经济性考虑的决策,也将对工程质量的形成产生不利的影响。

管理因素中的组织因素,包括建设工程项目实施的管理组织和任务组织。管理组织指建设工程项目管理的组织架构、管理制度及其运行机制,三者的有机联系构成了一定的组织管理模式,其各项管理职能的运行情况,直接影响着建设工程项目质量目标的实现。任务组织是指对建设工程项目实施的任务及其目标进行分解、发包、委托以及对实施任务所进行的计划、指挥、协调、检查和监督等一系列工作过程,从建设工程项目质量控制的角度看,建设工程项目管理组织系统是否健全、实施任务的组织方式是否科学合理,无疑将对质量目标控制产生重要的影响。

四、环境因素

一个建设项目的决策、立项和实施,受到经济、政治、社会、技术等多方面因素的影响。这些因素就是建设项目可行性研究、风险识别与管理所必须考虑的环境因素。对于建设工程项目质量控制而言,直接影响建设工程项目质量的环境因素,一般是指建设工程项目所在地点的水文、地质和气象等自然环境;施工现场的通风、照明、安全、卫生防护设施等劳动作业环境;以及由多单位、多专业交叉协同施工的管理关系、组织协调方式、质量控制系统等构成的管理环境。对这些环境条件的认识与把握,是保证建设工程项目质量的重要工作环节。

五、社会因素

影响建设工程项目质量的社会因素,表现在建设法律法规的健全程度及其执法力度,建设工程项目法人或业主的理性化程度以及建设工程经营者的经营理念,建筑市场包括建设工程交易市场和建筑生产要素市场的发育程度及交易行为的规范程度,政府的工程质量监督及行业管理成熟程度,建设咨询服务业的发展程度及其服务水准的高低,廉政建设及行风建设的状况等。

必须指出,作为建设工程项目管理者,不仅要系统认识和思考以上各种因素对建设工程项目质量形成的影响及其规律,而且要分清对于建设工程项目质量控制来说,哪些是可控因素,哪些是不可控因素。对于建设工程项目管理者而言,人、技术、管理和环境因素是可控因素;社会因素存在于建设工程项目系统之外,一般情形下属于不可控因素,但可以通过自身的努力,尽可能做到趋利去弊。

第二节　施工准备阶段的质量控制方法

施工质量控制应贯彻全面、全过程质量管理的思想,运用动态控制原理,进行质量的事前控制、事中控制和事后控制。施工准备阶段需从施工技术和施工现场情况进行质量控制。

一、施工技术准备工作的质量控制

施工技术准备是指在正式开展施工作业活动前进行的技术准备工作。这类工作内容繁多,主要在室内进行。例如:熟悉施工图,组织设计交底和图纸审查,进行工程项目检查验收的项目划分和编号,审核相关质量文件,细化施工技术方案和施工人员、机具的配置方案,编制施工作业技术指导书,绘制各种施工详图进行必要的技术交底和技术培训。如果施工准备工作出错,必然影响施工进度和作业质量,甚至直接导致质量事故的发生。

技术准备工作的质量控制,包括对上述技术准备工作成果的复核审查,检查这些成果是否符合设计图纸和相关技术规范、规程的要求;依据经过审批的质量计划审查、完善施工质量控制措施;针对质量控制点,明确质量控制的重点对象和控制方法;尽可能地提高上述工作成果对施工质量的保证程度等。

二、现场施工准备工作的质量控制

(一)计量控制

这是施工质量控制的一项重要基础工作。施工过程中的计量,包括施工生产时的投料计量、施工测量、监测计量以及对项目、产品或过程的测试、检验、分析计量等。开工前要建立和完善施工现场计量管理的规章制度;明确计量控制责任者和配置必要的计量人员;严格按规定对计量器具进行维修和校验;统一计量单位,组织量值传递,保证量值统一,从而保证施工过程中计量的准确性。

(二)测量控制

工程测量放线是建设工程产品由设计转化为实物的第一步。施工测量质量的好坏,直接决定工程的定位和标高是否正确,并且制约施工过程有关工序的质量。因此,施工单位在开工前应编制测量控制方案,经项目技术负责人批准后实施。对建设单位提供的原始坐标点、基准线和水准点等测量控制点进行复核,并将复核结果上报监理工程师审核,批准后施工单位才能建立施工测量控制网,进行工程定位和标高基准的控制。

(三)施工平面图控制

建设单位应按照合同约定并充分考虑施工的实际需要,事先划定并提供施工用地和现场临时设施用地的范围,协调平衡和审查批准各施工单位的施工平面设计。施工单位要严格按照批准的施工平面布置图,科学合理地使用施工场地,正确安装设置施工机械设备和其他临时设施,维护现场施工道路畅通无阻和通信设施完好,合理控制材料的进场与堆放,保持良好的防洪排水能力及保证充分的给水和供电。建设(监理)单位应会同施工单位制定严格的施工场地管理制度、施工纪律和相应的奖惩措施,严禁乱占场地和擅自断水、断电、断路,及时制止和处理各种违纪行为,并做好施工现场的质量检查记录。

(四)工程质量检查验收的项目划分

一个建设工程项目从施工准备开始到竣工交付使用,要经过若干工序、工种的配合施工。施工质量的优劣,取决于各个施工工序、工种的管理水平和操作质量。因此,为了便于控制、检查、评定和监督每个工序和工种的工作质量,就要把整个项目逐级划分为若干个子项目,并分级进行编号,在施工过程中据此来进行质量控制和检查验收。这是进行施工质量控制的一项重要准备工作,应在项目施工开始之前进行。项目划分合理,有利于分清质量责任,便于施工人员进行质量自控和检查监督人员检查验收,也有利于质量记录等资料的填写、整理和归档。

根据《建筑工程施工质量验收统一标准》(GB 50300—2013)的规定,建筑工程质量验收应划分为单位工程、分部工程、分项工程和检验批。

第三节　施工阶段的质量控制

施工过程的作业质量控制，是在工程项目质量实际形成过程中的事中质量控制。建设工程项目施工是由一系列相互关联、相互制约的作业过程(工序)构成。因此施工质量控制，必须对全部作业过程，即各道工序的作业质量进行控制。从项目管理的角度看，工序作业质量的控制，首先是质量生产者即作业者的自控，在施工生产要素合格的条件下，作业者能力及其发挥的状况是决定作业质量的关键。其次，是来自作业者外部的各种作业质量检查、验收和对质量行为的监督，也是不可缺少的设防和把关的管理措施。

一、施工工序质量控制

工序是人、材料、机械设备、施工方法和环境因素对工程质量综合起作用的过程，所以对施工过程的质量控制，必须以工序作业质量控制为基础和核心。因此，工序的质量控制是施工阶段质量控制的重点。只有严格控制工序质量，才能确保施工项目的实体质量。工序施工质量控制主要包括工序施工条件质量控制和工序施工效果质量控制。

(一)工序施工条件控制

工序施工条件是指从事工序活动的各生产要素质量及生产环境条件。工序施工条件控制就是控制工序活动的各种投入要素质量和环境条件质量。控制的手段主要有检查、测试、试验、跟踪监督等。控制的依据主要是设计质量标准、材料质量标准、机械设备技术性能标准、施工工艺标准以及操作规程等。

(二)工序施工效果控制

工序施工效果主要反映工序产品的质量特征和特性指标。对工序施工效果的控制就是控制工序产品的质量特征和特性指标能否达到设计质量标准以及施工质量验收标准的要求。工序施工效果控制属于事后质量控制，其控制的主要途径是实测获取数据、统计分析所获取的数据、判断认定质量等级和纠正质量偏差。

二、施工作业质量的自控

(一)施工作业质量自控的意义

施工作业质量的自控，从经营的层面上说，强调的是作为建筑产品生产者和经营者的施工企业，应全面履行企业的质量责任，向顾客提供质量合格的工程产品；从生产的过程来说，强调施工作业者的岗位质量责任，向后道工序提供合格的作业成果(中间产品)。同理，供货厂商必须按照供货合同约定的质量标准和要求，对材料(设备)物资的供应过程实施产品质量自控。因此，施工承包方和供应方在施工阶段是质量自控主体，他们不能因监控主体的存在和监控责任的实施而减轻或免除其质量责任。我国《建筑法》和《建设工程质量管理条例》规定：建筑施工企业对工程的施工质量负责，建筑施工企业必须按照工程设计要求、施工技术标准和合同的约定，对建筑材料、建筑构配件和设备进行检验，不合格的不得使用。

施工方作为工程施工质量的自控主体，既要遵循本企业质量管理体系的要求，也要根据其在所承建的工程项目质量控制系统中的地位和责任，通过具体项目质量计划的编制与实施，有效地实现施工质量的自控目标。

(二)施工作业质量自控的程序

施工作业质量的自控过程是由施工作业组织的成员进行的，其基本的控制程序包括作业技术交底、作业活动的实施和作业质量的自检自查、互检互查以及专职管理人员的质量检查等。

1. 施工作业技术的交底。

技术交底是施工组织设计和施工方案的具体化，施工作业技术交底的内容必须具有可行性和可操作性。从建设工程项目的施工组织设计到分部分项工程的作业计划，在实施之前都必须逐级进行交底，其目的是使管理者的计划和决策意图为实施人员所理解。施工作业交底是最基层的技术和管理交底活动，施工总承包方和工程监理机构都要对施工作业交底进行监督。作业交底的内容包括作业范围、施工依据、作业程序、技术标准和要领、质量目标以及其他与安全、进度、成本、环境等目标管理有关的要求和注意事项。

2. 施工作业活动的实施。

施工作业活动是由一系列工序所组成的。为了保证工序质量的受控，首先要对作业条件进行再确认，即按照作业计划检查作业准备状态是否落实到位，其中包括对施工程序和作业工艺顺序的检查确认。在此基础上，严格按作业计划的程序、步骤和质量要求展开工序作业活动。

3. 施工工程质量的检验。

施工工程质量的检查，是贯穿整个施工过程的最基本的质量控制活动，主要指施工单位内部的工序作业质量自检、互检、专检和交接检查。施工工程质量检查是施工质量验收的基础，已完检验批及分部分项工程的施工质量，必须在施工单位完成质量自检并确认合格之后，才能报请现场监理机构进行检查验收。

前道工序工程质量经验收合格后，才可进入下道工序施工。未经验收合格的工序，不得进入下道工序施工。

(三)施工工程质量自控的要求

工序施工质量是直接形成工程质量的基础，为达到对工序施工质量控制的效果，在加强工序管理和质量目标控制方面应坚持以下要求。

1. 预防为主。

严格按照施工质量计划的要求，进行各分部分项施工作业的部署；同时，根据施工作业的内容、范围和特点，制定施工质量控制计划，明确施工质量目标和工程质量技术要领，认真进行工程质量技术交底，落实各项技术组织措施。

2. 重点控制。

在施工作业计划中，一方面要认真贯彻实施施工质量计划中质量控制点的控制措施，同时，要根据作业活动的实际需要，进一步建立工序质量控制点，深化工序质量的重点控制。

3. 坚持标准。

工序施工人员在工序施工过程中应严格进行质量自检，通过自检不断改进作业质量，并创造条件开展工序质量互检，通过互检加强技术与经验的交流。对已完工序的产品，即检验批或分部分项工程，应严格坚持质量标准。对不合格的施工质量不得进行验收签证，必须按照规定的程序进行处理。

《建筑工程施工质量验收统一标准》及配套使用的专业质量验收规范，是施工质量自控的合格标准。有条件的施工企业或项目经理部应结合自己的条件编制高于国家标准的企业内控标准或工程项目内控标准，或采用施工承包合同明确规定的更高标准列入质量计划中，努力提升工程质量水平。

4. 记录完整。

施工图纸、质量计划、作业指导书、材料质保书、检验试验及检测报告、质量验收记录等，是形成可追溯性的质量保证依据，也是工程竣工验收所不可缺少的质量控制资料。因此，对工序作业质量，应有计划、有步骤地按照施工管理规范的要求进行填写记载，做到及时、准确、完整、有效，并具有可追溯性。

（四）施工质量自控的有效制度

根据实践经验的总结，施工质量自控的有效制度有：

1. 质量自检制度；
2. 质量例会制度；
3. 质量会诊制度；
4. 质量样板制度；
5. 质量挂牌制度；
6. 每月质量讲评制度等。

三、施工质量的监控

（一）施工质量的监控主体

我国《建设工程质量管理条例》规定，国家实行建设工程质量监督管理制度。建设单位、监理单位、设计单位及政府的工程质量监督部门，在施工阶段依据法律法规和工程施工承包合同，对施工单位的质量行为和质量状况实施监督控制。设计单位应当就审查合格的施工图纸设计文件向施工单位做出详细说明；应当参与建设工程质量事故分析，并对因设计造成的质量事故，提出相应的技术处理方案。

建设单位在领取施工许可证或者开工报告前，应当按照国家有关规定办理工程质量监督手续。作为监控主体之一的项目监理机构，在施工作业实施过程中，根据其监理规划与实施细则，采取现场旁站、巡视、平行检验等形式，对施工质量进行监督检查，如发现工程施工不符合工程设计要求、施工技术标准和合同约定的，有权要求建筑施工企业改正。监理机构应进行检查而没有检查或没有按规定进行检查的，给建设单位造成损失时应承担赔偿责任。必须强调，施工质量的自控主体和监控主体，在施工全过程相互依存、各尽其责，共同推动着施工质量控制过程的展开和最终实现工程项目的质量总目标。

（二）现场质量检查

现场质量检查是施工质量监控的主要手段。

1. 现场质量检查的内容。

（1）开工前的检查，主要检查是否具备开工条件，开工后是否能连续正常施工，能否保证工程质量。

(2)工序交接检查，对于重要的工序或对工程质量有重大影响的工序，应严格执行"三检"制度(即自检、互检、专检)，未经监理工程师(或建设单位项目技术负责人)检查认可的，不得进行下道工序施工。

(3)隐蔽工程的检查，施工中凡是隐蔽工程必须检查认证后方可进行隐蔽掩盖。

(4)停工后复工的检查，因客观因素停工或处理质量事故等停工复工时，经检查认可后方能复工。

(5)分项、分部工程完工后的检查，应经检查认可，并签署验收记录后，才能进行下一工序的施工。

(6)成品保护的检查，检查成品有无保护措施以及保护措施是否有效可靠。

2. 现场质量检查的方法。

(1)目测法。即凭借感官进行检查，也称观感质量检验，其手段可概括为"看、摸、敲、照"四个字。

看——就是根据质量标准要求进行外观检查。例如，清水墙面是否洁净，喷涂的密实度和颜色是否良好、均匀，工人的操作是否正常，抹灰的大面是否光滑、平整及口角是否平直，混凝土外观是否符合要求等。

摸——就是通过触摸手感进行检查、鉴别。例如，油漆的光滑度，浆活是否牢固、不掉粉等。

敲——就是运用敲击工具进行音感检查。例如，对地面工程中的水磨石、面砖、石材饰面等，均应进行空鼓检查。

照——就是通过人工照明或反射光照射，检查难以看到或光线较暗的部位。例如，管道井、电梯井等内部的管线、设备安装质量，装饰吊顶内连接及设备安装质量等。

(2)实测法。就是通过实测数据与施工规范、质量标准的要求及允许偏差值进行对照，以此判断质量是否符合要求，其手段可概括为"靠、量、吊、套"四个字。

靠——就是用直尺、塞尺检查诸如墙面、地面、路面等的平整度。

量——就是指用测量工具和计量仪表等检查断面尺寸、轴线、标高、湿度、温度等的偏差。例如，大理石板拼缝尺寸，摊铺沥青拌和料的温度，混凝土坍落度的检测等。

吊——就是利用托线板以及线垂吊线检查垂直度。例如，砌体垂直度检查、门窗的安装等。

套——是以方尺套方，辅以塞尺检查。例如，对阴阳角的方正、踢脚线的垂直度、预制构件的方正、门窗口及构件的对角线检查等。

(3)试验法。是指通过必要的试验手段对质量进行判断的检查方法，主要包括理化试验和无损检测。

(三)技术核定与见证取样送检

1. 技术核定。

在建设工程项目施工过程中，因施工方对施工图纸的某些要求不甚明白，或图纸内部存在某些矛盾，或工程材料调整与代用，改变建筑节点构造、管线位置或走向等，需要通过设计单位明确或确认的，施工方必须以技术核定单的方式向监理工程师提出，报送设计单位核准确认。

2. 见证取样送检。

为了保证建设工程质量，我国规定对工程所使用的主要材料、半成品、构配件以及施工过程留置的试块、试件等应实行现场见证取样送检。见证人员由建设单位及工程监理机构中有相关专业知识的人员担任；送检的试验室应具备经国家或地方工程检验检测主管部门核准的相关资质；见证取样送检必须严格按执行规定的程序进行，包括取样见证记录、样本编号、填单、封箱、送试验室、核对、交接、试验检测、报告等。

检测机构应当建立档案管理制度。检测合同、委托单、原始记录、检测报告应当按年度统一编号，编号应当连续，不得随意抽撤、涂改。

四、隐蔽工程验收与成品质量保护

(一)隐蔽工程验收

凡被后续施工所覆盖的施工内容，如吊顶支架安装、幕墙骨架连接等均属隐蔽工程。加强隐蔽工程质量验收，是施工质量控制的重要环节，其程序要求施工方首先应完成自检并合格，然后填写专用的《隐蔽工程验收单》。验收单所列的验收内容应与已完的隐蔽工程实物相一致，并提前48小时通知监理机构及有关方面，按约定时间进行验收。验收合格的隐蔽工程由各方共同签署验收记录；验收不合格的隐蔽工程，应按验收整改意见进行整改后重新验收。严格隐蔽工程验收的程序和记录，对于预防工程质量隐患、提供可追溯质量记录具有重要作用。

(二)施工成品质量保护

建设工程项目已完施工的成品保护，目的是避免已完施工成品受到来自后续施工以及其他方面的污染或损坏。已完施工的成品保护问题和相应措施，在工程施工组织设计与计划阶段就应该在施工顺序上进行考虑，防止施工顺序不当或交叉作业造成相互干扰、污染和损坏；成品形成后可采取防护、覆盖、封闭、包裹等相应措施进行保护。

第四节　设置施工质量控制点的原则和方法

施工质量控制点的设置是施工质量计划的重要组成内容，施工质量控制点是施工质量控制的重点对象。

一、质量控制点的设置原则

质量控制点应选择那些技术要求高、施工难度大、对工程质量影响大或是发生质量问题时危险大的对象进行设置。一般选择下列部位或环节作为质量控制点：

对工程质量形成过程产生直接影响的关键部位、工序、环节及隐蔽工程。

施工过程中的薄弱环节，或者质量不稳定的工序、部位或对象。

对下道工序有较大影响的上道工序。

采用新技术、新工艺、新材料的部位或环节。

施工质量无把握的、施工条件困难的或技术难度大的工序或环节。

用户反馈指出的和过去有过返工的不良工序。

一般建筑工程质量控制点的设置可参考表4.1。

表4.1　建筑工程质量控制点

分项工程	质量控制点设置
工程测量定位	标准轴线桩、定位轴线、标高
吊装工程	吊装设备的起重能力、吊具、索具、地锚

续 表

分项工程	质量控制点设置
钢结构工程	翻样图、放大样
焊接工程	焊接条件、焊接工艺
室内防水工程	基层、管道地漏
抹灰工程	空鼓、平整度、厚度、砂浆配合比
门窗工程	洞口尺寸、标高、合页
饰面板(砖)工程	石材色差、骨架焊接、防腐、平整度
地面铺贴工程	材料处理、排板、空鼓、
吊顶工程	吊筋、龙骨起拱、板缝
隔墙工程	弹线定位、骨架、板缝
涂料工程	基层、平整度
裱糊工程	基层、拼缝、平整度
细部工程	骨架防腐、面板色差、钉头处理
水电工程	坡度、防腐、焊接、封堵、试压

二、质量控制点的重点控制对象

质量控制点的选择要准确，还要根据对重要质量特性进行重点控制的要求，选择质量控制点的重点部位、重点工序和重点的质量因素作为质量控制点的控制对象，进行重点预控和监控，从而有效地控制和保证施工质量。质量控制点的重点控制对象主要包括以下几个方面。

(一)人的行为

某些操作或工序，应以人为重点的控制对象，如高空、高温、水下、易燃易爆、重型构件吊装作业以及操作要求高的工序和技术难度大的工序等，都应从人的生理、心理、技术能力等方面进行控制。

(二)材料的质量与性能

这是直接影响工程质量的重要因素，在某些工程中应作为控制的重点，如钢结构工程中使用的高强度螺栓、某些特殊焊接使用的焊条，都应重点控制其材质与性能；又如水泥的质量是直接影响抹灰工程质量的关键因素，施工中就应对进场的水泥质量进行重点控制，必须检查核对其出厂合格证，并按要求进行凝结时间和安定性的复验等。

(三)施工方法与关键操作

某些直接影响工程质量的关键操作应作为控制的重点，如：吊顶工程中对吊杆的控制，吊杆的位置、间距、规格及连接方式是保证吊顶质量的关键点；同时，那些易对工程质量产生重大影响的施工方法，也应列为控制的重点。如，天然石材饰面安装的方法是采用湿贴法还是干挂法。

(四)施工技术参数

如幕墙玻璃板块制作的温度和湿度控制，幕墙及门窗的风压变形性能、雨水渗漏性能等，寒冷地区室外石材抗冻融性、塑铝板的剥离性，室内装饰材料的防火等级等。

(五)技术间歇

有些工序之间必须留有必要的技术间歇时间。如，砌筑与抹灰之间，应在墙体砌筑后留 28 天时间，让墙体充分沉降、稳定、干燥，然后再抹灰。抹灰层干燥后，才能喷白、刷浆等。

(六)施工顺序

对于某些工序之间必须严格控制先后的施工顺序。

(七)易发生或常见的质量通病

如石材的变色，卫生间的渗漏，抹灰空鼓、起砂、裂缝等，都与工序操作有关，均应事先研究对策，提出预防措施。

(八)新技术、新材料及新工艺的应用

由于缺乏经验，施工时应将其作为重点进行控制。

(九)产品质量不稳定和不合格率较高的工序应列为重点，认真分析，严格控制

(十)特殊地基或特种结构

对于湿陷性黄土、膨胀土等特殊土地基的处理，以及大跨度结构、高耸结构等技术难度较大的施工环节和重要部位，均应予以特别的重视。

三、质量控制点的管理

设定了质量控制点，质量控制的目标及工作重点就更加明晰。

(一)要做好施工质量控制点的事前质量预控工作

包括：明确质量控制的目标与控制参数，编制作业指导书和质量控制措施，确定质量检查检验方式及抽样的数量与方法，明确检查结果的判断标准及质量记录与信息反馈要求等。

具体方法如下：

1. 认真分析分项工程质量特性，按已确定的质量控制点的名称、控制时间、制作标准、控制方法、执行人、检查者等编写质量控制点明细表和检查表。

2. 按施工工艺要求绘制质量控制点工艺流程图，并按人、机、料、法、环、测六个方面进行原因分析，找出影响质量特性的主要因素，可在实际调查的基础上用因果分析图分析。

3. 根据上述原因分析，制定对策和措施，确定控制的标准和方法，然后编写详细的技术交底文件。

(二)要向施工作业班组进行认真交底，并进行交底签字确认

使每一个控制点上的作业人员明白作业规程及质量检验评定标准，掌握施工操作要领。施工过程中，相关技术管理和质量控制人员要在现场进行重点指导和检查验收。为保证质量控制点的目标实现，应严格按照三检制进行检查控制。在施工中发现质量控制点有异常时，应立即停止施工，召开分析会，查找原因采取对策予以解决。同时，还要做好施工质量控制点的动态设置和动态跟踪管理。

所谓动态设置，是指在工程开工前、设计交底和图纸会审时，可确定项目的质量控制点，随着工程的展开、施工条件的变化，随时或定期进行控制点的调整和更新。动态跟踪是应用动态控制原理，落

实专人负责跟踪和记录控制点质量控制的状态和效果，并及时向企业管理组织的高层管理者反馈质量控制信息，保持施工质量控制点的受控状态。

对于危险性较大的分部分项工程或特殊施工过程，除按一般过程质量控制的规定执行外，还应由专业技术人员编制专项施工方案或作业指导书，经项目技术负责人审批及监理工程师签字后执行。超过一定规模的危险性较大的分部分项工程，还要组织专家对专项方案进行论证。

根据《危险性较大的分部分项工程安全管理办法》的规定，建筑幕墙安装工程、吊篮工程属“危险性较大的分部分项工程范围”，故应编制专项施工方案，并按程序审批。

施工高度 50m 及以上的建筑幕墙安装工程属“超过一定规模的危险性较大的分部分项工程范围”，所以不但要编制专项施工方案，而且应当由施工单位组织召开专家论证会。另外，采用新技术、新工艺、新材料、新设备及尚无相关技术标准的危险性较大的分部分项工程，也属“超过一定规模的危险性较大的分部分项工程范围”。

施工单位应积极主动地支持、配合监理工程师的工作，应根据现场工程监理机构的要求，对施工作业质量控制点按照不同的性质和管理要求，细分为“见证点”和“待检点”进行施工质量的监督和检查。凡属“见证点”的施工作业，如重要部位、特种作业、专门工艺等，施工方必须在该项作业开始前 48 小时；书面通知现场监理机构到位旁站，见证施工作业过程；凡属“待检点”的施工作业，如隐蔽工程等，施工方必须在完成施工质量自检的基础上，提前 48 小时通知项目监理机构进行检查验收，然后才能进行工程隐蔽或下道工序的施工。未经项目监理机构检查验收合格，不得进行工程隐蔽或下道工序的施工。

第五节　装修工程的施工质量控制流程及质量控制点

一、质量控制流程

（一）质量控制流程

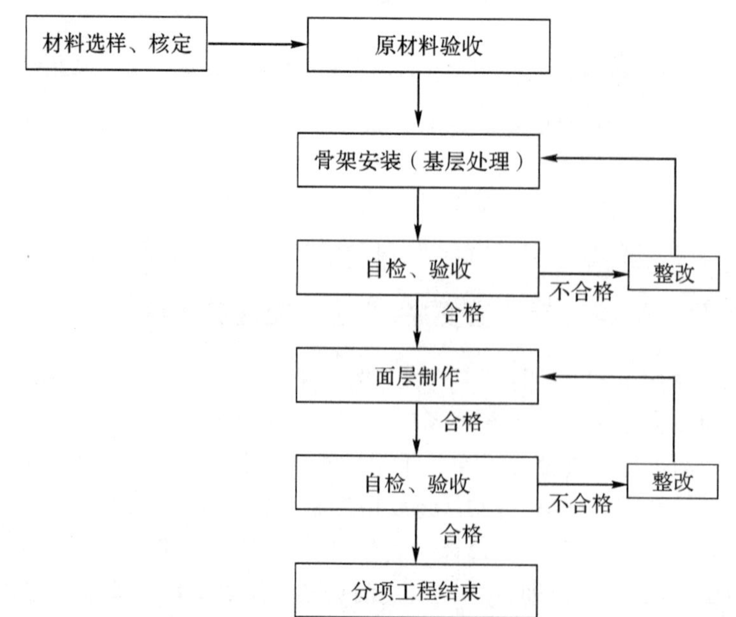

(二)隐蔽工程验收流程

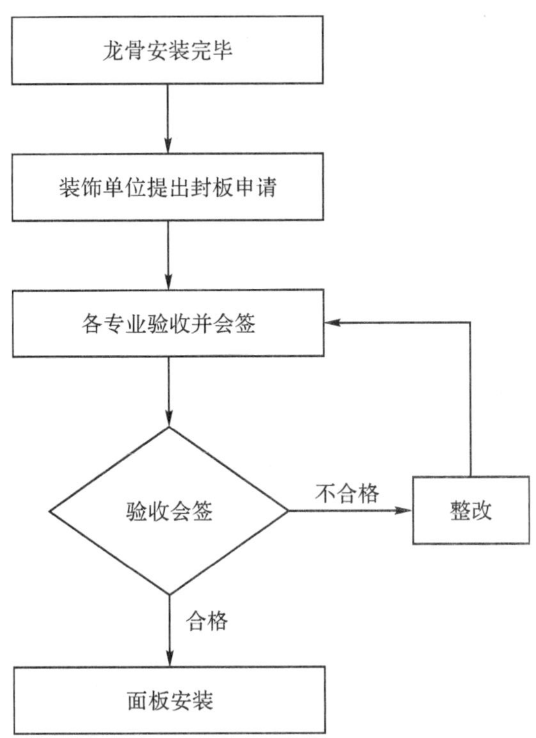

二、装饰装修工程质量控制点

(一)室内防水工程

1. 厕浴间的基层(找平层)可采用 1∶3 水泥砂浆找平，找平厚度 20mm 并抹平压光，做到坚实平整，不起砂，要求基本干燥；泛水坡度应在 2%以上，不得倒坡积水；在地漏边缘向外 50mm 内排水坡度为 5%。

2. 浴室墙面的防水层不得低于 1800mm。

3. 在做涂膜防水施工时玻纤布的接茬应顺流水方向搭接，搭接宽度应不小于 100mm，两层以上玻纤布的防水施工，上、下搭接应错开幅宽的 1/2。

4. 在墙面和地面相交的阴角处，出地面管道根部和地漏周围，应先做防水附加层。

(二)吊顶工程

1. 吊顶标高、尺寸、起拱和造型应符合设计要求。

2. 饰面材料的材质、品种、规格、图案和颜色应符合设计要求。

3. 暗龙骨吊顶工程的吊杆、龙骨和饰面材料的安装必须牢固。

4. 吊杆、龙骨的材质、规格、安装间距及连接方式应符合设计要求。金属吊杆、龙骨应经过表面防腐处理，木吊杆、龙骨应进行防腐、防火处理。

5. 当短向跨度≥4m 时，主龙骨按短向跨度 1/1000～3/1000 起拱。

6. 吊杆距主龙端部距离不得大于 30mm。当大于 300mm 时，应增加吊杆。当吊杆长度大于 1.5m 时，应设置反向支撑。

7.石膏板的接缝应按其施工工艺标准进行板缝防裂处理。安装双层石膏板时,面层板与基层板的接缝应错开,并不得在同一根龙骨上接缝。

8.明龙骨吊顶饰面材料的安装应稳固严密。饰面材料与龙骨的搭接宽度应大于龙骨受力面宽度的2/3。

(三)轻质隔墙工程质量控制点

1.板材隔墙工程质量控制要点。

(1)隔墙板材的品种、规格、性能、颜色应符合设计要求。有隔声、隔热、阻燃、防潮等特殊要求的工程,板材应有相应性能等级的检测报告。

(2)安装隔墙板材所需预埋件、连接件的位置、数量及连接方法应符合设计要求。

(3)隔墙板材安装必须牢固。现制钢丝网水泥隔墙与周边墙体的连接方法应符合设计要求,并应连接牢固。

(4)隔墙板材所用接缝材料的品种及接缝方法应符合设计要求。

2.骨架隔墙工程质量控制要点。

(1)骨架隔墙所用龙骨、配件、墙面板、填充材料及嵌缝材料的品种、规格、性能和木材的含水率应符合设计要求。有隔声、隔热、阻燃、防潮等特殊要求的工程,材料应有相应性能等级的检测报告。

(2)内架隔墙工程边框龙骨必须与基体结构连接牢固,并应平整、垂直、位置正确。

(3)骨架隔墙中龙骨间距和构造连接方法应符合设计要求。骨架内设备管线的安装、门窗洞口等部位加强龙骨应安装牢固、位置正确,填充材料的设置应符合设计要求。

(4)木龙骨及木墙面板的防火和防腐处理必须符合设计要求。

(5)骨架隔墙的墙面板应安装牢固,无脱层、翘曲、劈裂及缺损。

(6)墙面板所用接缝材料的接缝方法应符合设计要求。

(7)面板固定采用自攻螺钉的间距控制在150mm左右,要求均匀布置。

3.活动隔墙工程质量控制要点。

(1)活动隔墙所用墙板、配件等材料的品种、规格、性能和木材的含水率应符合设计要求。有阻燃、防潮等特性要求的工程,材料应有相应性能等级的检测报告。

(2)活动隔墙轨道必须与基体结构连接牢固,并应位置正确。

(3)活动隔墙用于组装、推拉和制动的构件必须安装牢固、位置正确,推拉必须安全、平稳、灵活。

(4)活动隔墙制作方法、组合方式应符合设计要求。

4.玻璃隔墙工程质量控制要点。

(1)玻璃隔墙工程所用材料的品种、规格、性能、图案和颜色应符合设计要求。玻璃板隔墙应使用安全玻璃。

(2)玻璃砖隔墙的砌筑或玻璃板隔墙的安装方法应符合设计要求。

(3)玻璃砖隔墙砌筑中埋设的拉结筋必须与基体结构连接牢固,并应位置正确。

(4)玻璃板隔墙的安装必须牢固。玻璃板隔墙胶垫的安装应正确。

(四)饰面板(砖)工程

1.饰面板安装工程质量控制要点。

(1)饰面板的品种、规格、颜色和性能应符合设计要求,木龙骨、木饰面板和塑料饰面板的燃烧性能等级应符合设计要求。

(2)饰面板孔、槽的数量、位置和尺寸应符合设计要求。

(3)饰面板安装工程的预埋件(或后置埋件)、连接件的数量、规格、位置、连接方法和防腐处理必须符合设计要求。后置埋件的现场拉拔强度必须符合设计要求。饰面板安装必须牢固。

(4)饰面板表面应平整、洁净、色泽一致,无裂痕和缺损。石材表面应无泛碱等污染。

(5)饰面板嵌缝应密实、平直,宽度和深度应符合设计要求,嵌填材料色泽应一致。

(6)采用湿作业法施工的饰面板工程,石材应进行防碱背涂处理。饰面板与基体之间的灌注材料应饱满、密实。

(7)饰面板上的孔洞应套割吻合,边缘应整齐。

2. 饰面砖粘贴工程质量控制要点。

(1)饰面砖品种、规格、图案、颜色和性能应符合设计要求。

(2)饰面砖粘贴工程的找平、防水、黏结和勾缝材料及施工方法应符合设计要求及国家现行产品标准和工程技术标准的规定。

(3)饰面砖粘贴必须牢固。

(4)满粘法施工的饰面砖工程应无空鼓、裂缝。

(5)饰面砖表面应平整、洁净、色泽一致,无裂痕和缺损。

(6)阴阳角处搭接方式、非整砖使用部位应符合设计要求。

(7)墙面突出物周围的饰面砖应整砖套割吻合,边缘应整齐。墙裙、贴脸突出墙面的厚度应一致。

(8)饰面砖接缝应平直、光滑,填嵌应连续、密实;宽度和深度应符合设计要求。

(9)有排水要求的部位应做滴水线(槽)。滴水线(槽)应顺直,流水坡向应正确,坡度应符合设计要求。

(五)涂饰工程

1. 水性涂料涂饰工程质量控制要点。

(1)水性涂料涂饰工程所用涂料的品种、型号和性能应符合设计要求。

(2)水性涂料涂饰工程的颜色、图案应符合设计要求。

(3)水性涂料涂饰工程应涂饰均匀、黏结牢固,不得漏涂、透底、起皮和掉粉。

(4)水性涂料涂饰工程的基层处理应符合规范要求。

2. 溶剂型涂料涂饰工程质量控制要点。

(1)溶剂型涂料涂饰工程所选用涂料的品种、型号和性能应符合设计要求。

(2)溶剂型涂料涂饰工程的颜色、光泽、图案应符合设计要求。

(3)溶剂型涂料涂饰工程应涂饰均匀、粘结牢固,不得漏涂、透底、起皮和返锈。

(4)溶剂型涂料涂饰工程的基层处理应符合规范要求。

3. 美术涂饰工程质量控制要点。

(1)美术涂饰所用材料的品种、型号和性能应符合设计要求。

(2)美术涂饰工程应涂饰均匀、黏结牢固,不得漏涂、透底、起皮、掉粉和返锈。

(3)美术涂饰工程的基层处理应符合规范要求。

(4)美术涂饰的套色、花纹和图案应符合设计要求。

(六)抹灰工程

1. 一般抹灰工程质量控制要点。

(1)抹灰前基层表面的尘土、污垢、油渍等应清除干净,并应洒水润湿。

(2)一般抹灰所用材料的品种和性能应符合设计要求。水泥的凝结时间和安定性复验应合格。砂浆的配合比应符合设计要求。

(3)抹灰工程应分层进行。当抹灰总厚度大于或等于35mm时,应采取措施。不同材料基体交接处表面的抹灰,应采取防止开裂的加强措施,当采用加强网时,加强网与各基体的搭接宽度不应小于100mm。

(4)抹灰层与基层之间及各抹灰层之间必须黏结牢固,抹灰层应无脱层、空鼓、面层应无爆灰和裂缝。

(5)普通抹灰表面应光滑、洁净、接茬平整,分格缝应清晰。高级抹灰表面应光滑、洁净、颜色均匀、无抹纹,分格缝和灰线应清晰美观。

(6)护角、孔洞、槽、盒周围的抹灰表面应整齐、光滑;管道后面的抹灰表面应平整。

(7)抹灰层的总厚度应符合设计要求;水泥砂浆不得抹在石灰砂浆层上;罩面石膏灰不得抹在水泥砂浆层上。

(8)抹灰分格缝的设置应符合设计要求,宽度和深度应均匀,表面应光滑,棱角应整齐。

(9)有排水要求的部位应做滴水线(槽)。滴水线(槽)应整齐顺直,滴水线应内高外低,滴水槽宽度和深度均不应小于10mm。

2. 装饰抹灰工程质量控制要点。

(1)抹灰前基层表面的尘土、污垢、油渍等应清除干净,并应洒水润湿。

(2)装饰抹灰工程所用材料的品种和性能应符合设计要求。水泥的凝结时间和安定性复验应合格。砂浆的配合比应符合设计要求。

(3)抹灰工程应分层进行。当抹灰总厚度大于或等于35mm时,应采取加强措施。不同材料基体交接处表面的抹灰,应采取防止开裂的加强措施,当采用加强网时,加强网与各基体的搭接宽度不应小于100mm。

(4)各抹灰层之间及抹灰层与基体之间必须粘接牢固,抹灰层应无脱层、空鼓和裂缝。

(5)水刷石表面应石粒清晰、分布均匀、紧密平整、色泽一致,应无掉粒和接茬痕。

斩假石表面剁纹应均匀顺直、深浅一致,应无漏剁处;阳角处应横剁并留出宽窄一致的不剁边条,棱角应无损坏;

干粘石表面应色泽一致、不露浆、不漏粘,石粒应黏结牢固、分布均匀,阳角处应无明显黑边;

假面砖表面应平整、沟纹清晰、留缝整齐、色泽一致,应无掉角、脱皮、起砂等缺陷。

(6)装饰抹灰分格条(缝)的设置应符合设计要求,宽度和深度应均匀,表面应平整光滑,棱角应整齐。

(7)有排水要求的部位应做滴水线(槽)。滴水线(槽)应整齐顺直,滴水线应内高外低,滴水槽的宽度和深度均不应小于10mm。

3. 清水砌体勾缝工程质量控制要点。

(1)清水砌体勾缝所用水泥的凝结时间和安定性复验应合格,砂浆的配合比应符合设计要求。

(2)清水砌体勾缝应无漏勾。勾缝材料应黏结牢固、无开裂。

(3)清水砌体勾缝应横平竖直,交接处应平顺,宽度和深度应均匀,表面应压实抹平。

(4)灰缝应颜色一致,砌体表面应洁净。

(七)地面工程

1. 整体地面质量控制点。

(1)地面面层无裂纹,与下一层黏结牢固、无空鼓。

(2)厕浴间、厨房和有排水(或其他液体)要求的坡度符合设计要求。

(3)地面分隔合理、顺直、美观。

2. 板块地面质量控制点。

(1)地面无水渍、返锈、透胶等污染。

(2)板材排版合理、整齐美观,铺贴无空鼓。

(3)地毯质地柔软,接缝处粘贴牢固、严密平整、不显拼缝、绒毛走向背光。

(4)抗静电地板支架高度设置符合设计要求及现行的相关规范、标准的规定,支架组件安装平整、牢固,支架应做防腐处理。

(5)抗静电地面表面无污染、老化。

3. 木竹地面质量控制点。

(1)所用材料的品种、规格、级别、颜色、图案、防火、防潮性能等符合设计要求及国家、行业和地方有关标准的规定。

(2)板面铺设牢固无松动,行走时无异响,接头位置按规范要求错开,接缝严密、拼缝平直,表面平整光滑、无刨痕、毛刺。

(3)地面色泽一致,图案美观,整体视觉效果明快、舒适、整洁。

(八)裱糊与软包工程

1. 裱糊工程质量控制要点。

(1)壁纸、墙布的种类、规格、图案、颜色和燃烧性能等级,必须符合设计要求及国家现行标准的有关规定。

(2)裱糊工程基层处理质量应符合规范要求。

(3)裱糊后各幅拼接应横平竖直,拼接处花纹、图案应吻合,不离缝,不搭接,不显拼缝。

(4)壁纸、墙布应粘贴牢固,不得有漏贴、补贴、脱层、空鼓和翘边。

(5)裱糊后的壁纸、墙布表面应平整,色泽应一致,不得有破纹起伏、气泡、裂缝、皱褶及斑污,斜视时无胶痕。

(6)复合压花壁纸的压痕及发泡壁纸的发泡层应无损坏。

(7)壁纸、墙布与各种装饰线、设备线盒应交接严密。

(8)壁纸、墙布边缘应平直整齐,不得有纸毛、飞刺。

(9)壁纸、墙布阴角处搭接应顺光,阳角处无接缝。

2. 软包工程质量控制要点。

(1)软包面料、内衬材料及边框的材质、颜色、图案、燃烧性能等级和木材的含水量水率应符合设计要求及国家现行标准的有关规定。

(2)软包工程的安装位置及构造做法应符合设计要求。

(3)软包工程的龙骨、衬板、边框应安装牢固,无翘曲,拼缝应平直。

(4)单块软包面料不应有接缝,四周应绷压严密。

(5)软包工程表面应平整、洁净、无凹凸不平及皱折;图案应清晰、无色差,整体应协调美观。

(6)软包边框应平整、顺直、接缝吻合。其表面涂饰质量应符合涂饰工程的有关规定。

(7)清漆涂饰木制边框的颜色、木纹应协调一致。

(九)细部工程

1. 木龙骨、衬板必须提前做防腐、防火处理。

2.龙骨、衬板、面板含水率控制在12%左右。

3.面板进场时应加强检验,在施工前必须进行挑选,按设计要求的花纹达到一致,在同一墙面、房间要颜色一致。

4.施工时应按照要求进行施工,注意检查。

5.饰面板进场后,应刷底漆封一遍。

(十)幕墙工程

1.玻璃幕墙工程质量要点。

(1)玻璃幕墙工程所使用的各种材料、构件和组件的质量,应符合设计要求及国家现行产品标准和工程技术规范的规定。

(2)玻璃幕墙的造型和立面分格应符合设计要求。

(3)玻璃幕墙使用的玻璃应符合下列规定:

①幕墙应使用安全玻璃,玻璃的品种、规格、颜色、光学性能及安装方向应符合设计要求。

②幕墙玻璃的厚度不应小于6.0mm。全玻幕墙肋玻璃的厚度不应小于12mm。

③幕墙的中空玻璃应采用双道密封。明框幕墙的中空玻璃应采用聚硫密封胶及丁基密封胶,隐框和半隐框幕墙的中空玻璃应采用硅酮结构密封胶及丁基密封胶,镀膜面应在中空玻璃的第2或第3面上。

④幕墙的夹层玻璃应采用聚乙烯醇缩丁醛(PVB)胶片干法加工合成的夹层玻璃。点支承玻璃幕墙夹层玻璃的夹层胶片(PVB)厚度不应小于0.76mm。

⑤钢化玻璃表面不得有损伤,8.0mm以下的钢化玻璃应进行引爆处理。

⑥所有幕墙玻璃均应进行边缘处理。

(4)玻璃幕墙与主体结构连接的各种预埋件、连接件、紧固件必须安装牢固,其数量、规格、位置、连接方法和防腐处理应符合设计要求。

(5)各种连接件、紧固件的螺栓应有防松动措施,焊接连接应符合设计要求和焊接规范的规定。

(6)隐框或半隐框玻璃幕墙,每块玻璃下端应设置两个铝合金或不锈钢托条,其长度不应小于100mm,厚度不应小于2mm,托条外端应低于玻璃外表面2mm。

(7)明框玻璃幕墙的玻璃安装应符合下列规定:

①玻璃槽口与玻璃的配合尺寸应符合设计要求和技术标准的规定。

②玻璃与构件不得直接接触,玻璃四周与构件凹槽底部应保持一定的空隙,每块玻璃下部应至少放置两块宽度与槽口宽度相同、长度不小于100mm的弹性定位垫块;玻璃两边嵌入量及空隙应符合设计要求。

③玻璃四周橡胶条的材质、型号应符合设计要求,镶嵌应平整,橡胶条长度应比边框内槽长1.5%~2.0%,橡胶条在转角处应斜面断开,并应用黏结剂黏结牢固后嵌入槽内。

(8)高度超过4m的全玻幕墙应吊挂在主体结构上,吊夹具应符合设计要求,玻璃与玻璃、玻璃与玻璃肋之间的缝隙,应采用硅酮结构密封胶填嵌严密。

(9)点支承玻璃幕墙应采用带万向头的活动不锈钢爪,其钢爪间的中心距离应大于250mm。

(10)玻璃幕墙四周、玻璃幕墙内表面与主体结构之间的连接节点、各种变形缝、墙角的连接节点应符合设计要求和技术标准的规定。

(11)玻璃幕墙应无渗漏。

(12)玻璃幕墙结构胶和密封胶的打注应饱满、密实、连续、均匀、无气泡,宽度和厚度应符合设计要求和技术标准的规定。

(13)玻璃幕墙开启窗的配件应齐全,安装应牢固,安装位置和开启方向、角度应正确;开启应灵活，关闭应严密。

(14)玻璃幕墙的防雷装置必须与主体结构的防雷装置可靠连接。

2. 金属幕墙工程质量控制要点。

(1)金属幕墙工程所使用的各种材料和配件，应符合设计要求及国家现行产品标准和工程技术规范的规定。

(2)金属幕墙的造型和立面分格应符合设计要求。

(3)金属面板的品种、规格、颜色、光泽及安装方向应符合设计要求。

(4)金属幕墙主体结构上的预埋件、后置埋件的数量、位置及后置埋件的拉拔力必须符合设计要求。

(5)金属幕墙的金属框架立柱与主体结构预埋件的连接、立柱与横梁的连接、金属面板的安装必须符合设计要求，安装必须牢固。

(6)金属幕墙的防火、保温、防潮材料的设置应符合设计要求，并应密实、均匀、厚度一致。

(7)金属框架及连接件的防腐处理应符合设计要求。

(8)金属幕墙的防雷装置必须与主体结构的防雷装置可靠连接。

(9)各种变形缝、墙角的连接节点应符合设计要求和技术标准的规定。

(10)金属幕墙的板缝注胶应饱满、密实、连续、均匀、无气泡，宽度和厚度应符合设计要求和技术标准的规定。

(11)金属幕墙应无渗漏。

3. 石材幕墙工程质量控制要点。

(1)石材幕墙工程所用材料的品种、规格、性能和等级，应符合设计要求及国家现行产品标准和工程技术规范的规定。石材的弯曲强度不应小于8.0MPa，吸水率应小于0.8%。石材幕墙的铝合金挂件厚度不应小于4.0mm，不锈钢挂件厚度不应小于3.0mm。

(2)石材幕墙的造型、立面分格、颜色、光泽、光纹和图案应符合设计要求。

(3)石材孔、槽的数量、深度、位置、尺寸应符合设计要求。

(4)石材幕墙主体结构上的预埋件和后置埋件的位置、数量及后置埋件的拉拔力必须符合设计要求。

(5)石材幕墙的金属框架立柱与主体结构预埋件的连接、立柱与横梁的连接、连接件与金属框架的连接、连接件与石材面板的连接必须符合设计要求，安装必须牢固。

(6)金属框架和连接件的防腐处理应符合设计要求。

(7)石材幕墙的防雷装置必须与主体结构防雷装置可靠连接。

(8)右材幕墙的防火、保温、防潮材料的设置应符合设计要求，填充应密实、均匀、厚度一致。

(9)各种结构变形缝、墙角的连接节点应符合设计要求和技术标准的规定。

(10)石材表面和板缝的处理应符合设计要求。

(11)石材幕墙的板缝注胶应饱满、密实、连续、均匀、无气泡，板缝宽度和厚度应符合设计要求和技术标准的规定。

(12)石材幕墙应无渗漏。

(十一)水电安装工程

1. 给排水工程质量控制要点。

(1)管道试压：室内给水管道的水压试验必须符合设计及《建筑给水排水及采暖工程施工质量验收规范》(GB50242—2002)规定要求。当设计未说明时，各种材质的给水管道定位的试验压力均为工作压力的1.5倍，并不小于0.6MPa。

(1)焊接管坡口：管壁厚度不超过4mm时，可以不开坡口，对口应使内壁平齐，错口的允许偏差为壁厚的20%，且不得大于2mm；管壁厚度超过4mm时就需坡口，坡口角度约为30°，不论用哪种方法，坡口后管口20～40mm内的坡口表面必须清除脏、油渍和锈斑，直至露出金属本色。

(2)防腐：入场钢管需及时除锈刷防锈漆，埋地管道安装严格按照设计要求及《给水排水管道工程施工及验收规范》(GB50268—2008)规定要求进行，焊接处可待试压合格后，并进行防腐处理。

(3)施工间隙甩口封堵：无论在任何施工现场埋地或预留管子的甩口必须用1.5mm或3mm，铁板用电焊进行封堵，并用明显的标识，为下一道管道连接打好基础。严禁随意用胶纸和其他易损材料封堵甩口。

(4)支架、吊架：金属与支架焊接、造型、防腐、加工制作应符合《室内管道支架及吊架》(03S402)安装图集要求，安装应符合《建筑给排水及采暖工程施工质量验收规范》(GB50242)规定。

(5)检查口、清扫口的设置：设计有规定时按设计要求设置，设计无规定时，应满足《建筑给水排水及采暖工程施工质量验收规范》(GB50242)规定。直线管段上应按设计要求设置清扫口。

(6)穿楼面墙面套管：穿过楼面、墙面的套管要求标高、坐标符合设计要求，用点焊固定牢固，套管与管道同心。

(7)室外管网垫层及管基回填：埋深应根据设计和规范条文规定执行，管基必须牢固，支墩稳固，垫层符合设计要求。管基回填后严禁用大型、重型机械回填、碾压管网。

(8)持证上岗：安装电工、焊工(特种人员)必须持证上岗，若资格证未坚持年审，过期失效，视为无证上岗。

2. 电气工程质量控制要点。

(1)线管、线盒：绑扎符合设计要求及《建筑电气工程施工质量验收规范》(GB50303)规定。

(2)防雷跨接：桩笼、地梁筋跨接点位、搭接长度单边>12d，双边焊>6d，引下线连接、短路环、电气预留接地等必须符合有关防雷规范规定。

(3)等电位：与防雷引下线相连不少于2处，材质、规格符合设计要求，各种设备的防雷设施引下线不得串联，应盒内各自与接地体装置连接(并联)。

(4)室外电力管排列：待沟槽垫层形成后，电力管沿水平井走向将安放下去，从下至上排列整齐，管口伸出与井壁平，并做到预留口，口子封闭完全，连接插入深度不低于15mm，保证稳固，严禁随意搁放、重型机械碾压。

(5)配电箱：入户强、弱电箱安装平正，强、弱电箱间隔符合设计要求。

(6)线缆敷设标识：动力电缆、生活用电电缆、线等必须在投放前将规格型号、编组号、用途等设计回路标识清楚，标识应在井道、转弯处、直线距离30m处及设备连接端等部分设置。

思考题

1. 影响工程质量主要因素有哪些？
2. 怎样控制施工质量？
3. 如何设置施工质量控制点？

第五章　装饰装修施工试验的内容、方法和评定标准

本章共 2 节，主要介绍装饰装修施工试验的主要内容、方法和评定标准，要求了解幕墙工程的试验内容、方法和评定标准。

检查是通过检验、试验、验证、确认和评审等活动，获得满足或不满足要求的客观证据。其中，检验与试验针对产品、过程或服务的质量特性所做的技术性检查活动。检验是通过观察和判断，适当时结合测量、试验所进行的符合性评价；试验是按照程序确定一个或多个特性。验证、确认和评审是一种管理性的检查活动。

第一节　一般装饰装修工程的试验内容、方法和评定标准

装饰装修工程的试验内容可分为功能性试验和材料检测两大类。功能性包括淋水、蓄水、室内环境质量等试验；材料检测和选用的材料有关，一般性装饰装修材料可分为人造木板、水泥、砂、石材、饰面砖、玻璃、地毯、油漆、防水材料、乳胶漆、防火材料等。

一、功能性项目的试验内容、方法和评定标准

(一)淋水试验

1. 试验内容。

淋水试验是对不宜蓄水试验的部位如屋面、外墙、天窗、门窗及各结合部位进行防渗漏检查和试验的方法。可由施工单位或第三方检测单位实施，监理单位或建设单位参加。

2. 试验方法。

制作淋水喷淋管，安置压力表；检查所有门窗是否关闭，淋水试验自上而下进行；高层和小高层建筑，一般从上而下按每 2～3 层为一淋水段挂设淋水管。

淋水时根据压力表指示调整控制阀大小，最远端淋水点水压一般不宜小于 1.5kg，淋水量应控制在 3L/(m^2 · min)以上，每次淋水时间应不少于 2 小时。

每一部位淋水试验结束 24 小时后，由建设单位、施工单位、监理单位、门窗安装单位技术人员共同对外墙及外窗进行观察检查，并形成检查记录备查。

3. 评定标准。

检查各部位无泛潮、渗漏为合格。

对检查出的渗水部位，各方进行分析原因、整改后，重新对渗漏的部位进行淋水试验，直至不再出现渗漏为止。

（二）蓄水试验

1. 蓄水试验内容。

蓄水试验是对厨房、卫生间、阳台等部位进行防渗漏检查和试验的方法。可由施工单位或第三方检测单位实施，监理单位或建设单位参加。

2. 试验方法。

卫生间、厨房等部位在防水层干涸后，在门槛部位用黄泥或水泥砂浆筑一道10cm高的坎（目的阻止水的泄露），并在蓄水前临时堵严地漏或排水口。

蓄水高度20～30mm，蓄水不小于24小时；

试验24小时后，由建设单位、施工单位、监理单位技术人员共同对厨房、卫生间等进行观察检查（看楼下同一位置的顶部是否有渗水现象，如果渗水，也就是说防水做得不行，还得重新做），并形成检查记录备查。

3. 评定标准。

检查各部位无泛潮、渗漏为合格。

对检查出的渗水部位，各方进行分析原因、整改后，重新对渗漏的部位进行蓄水试验，直至不再出现渗漏为止。

（三）空气质量检测

1. 空气质量检测内容。

依据标准《民用建筑工程室内空气污染控制规范》（GB50325—2010），对室内空气中的苯、TVOC、甲醛、氨、氡气5个指标分别进行检测。

2. 试验方法。

选择经过技术监督部门认证的检测机构，而且最好是选择长期从事环境检测的行业检测机构，这些属于独立的第三方的检测机构能给出具有法律效应的CMA（中国计量认证）检测报告；

民用建筑工程及室内装修工程的室内环境质量验收，应在工程完工至少7天以后、工程交付使用前进行。

民用建筑工程验收时，应抽检有代表性的房间室内环境污染物浓度，抽检数量不得少于5%，并不得少于3间；房间总数少于3间时，应全数检测。

民用建筑工程室内环境中甲醛、苯、氨、总挥发性有机物（TVOC）浓度检测时，对采用集中空调的民用建筑工程，应在空调正常运转的条件下进行；对采用自然通风的民用建筑工程，检测应在对外门窗关闭1小时后进行。

民用建筑工程室内环境中氡浓度检测时，对采用集中空调的民用建筑工程，应在空调正常运转的条件下进行；对采用自然通风的民用建筑工程，应在房间的对外门窗关闭24小时以后进行。

数据分析，出具检测报告。

3. 评定标准。

将数据结果进行分析，如果数据结果在标准要求限制内，评定室内空气合格；否则为不合格，见表5.1。

表 5.1　民用建筑工程室内环境污染物浓度限量

污染物	Ⅰ类民用建筑工程	Ⅱ类民用建筑工程
氡(Bq/m^3)	≤200	≤400
甲醛(mg/m^3)	≤0.08	≤0.1
苯(mg/m^3)	≤0.09	≤0.09
氨(mg/m^3)	≤0.2	≤0.2
TVOG(mg/m^3)	≤0.5	≤0.6

注:1. 表中污染物浓度限量,除氡外均指室内测量值扣除同步测定的室外上风向空气测量值(本底值)后的测量值。

2. 表中污染物浓度测量值的极限值判定,采用全数值比较法。

(四)外墙饰面砖黏结强度试验

1. 试验内容。

外墙饰面砖黏结强度。

2. 试验方法。

带饰面砖的预制墙板应进行复验:复验应以每 $1000m^2$ 同类带饰面砖的预制墙板为一个检验批,不足 $1000m^2$ 的应按 $1000m^2$ 计,每批应取一组,每组应为 3 块板,每块板应制取 1 个试样对饰面砖黏结强度进行检验。

现场粘贴外墙饰面砖应对饰面砖样板件黏结强度进行检验。监理单位应从粘贴外墙饰面砖的施工人员中随机抽选一人,在每种类型的基层上应各粘贴至少 $1m^2$ 饰面砖样板件,每种类型的样板件应各制取一组 3 个饰面砖黏结强度试样。

现场粘贴的外墙饰面砖工程完工后,应对饰面砖黏结强度进行检验。现场粘贴饰面砖黏结强度检验应以每 $1000m^2$ 同类墙体饰面砖为一个检验批,不足 $1000m^2$ 的应按 $1000m^2$ 计,每批应取一组 3 个试样,每相邻的 3 个楼层应至少取一组试样,试样应随机抽取,取样间距不得小于 500mm。

采用水泥基胶粘剂粘贴外墙饰面砖时,可按胶粘剂使用说明书的规定时间或在粘贴外墙饰面砖 14 天及以后进行饰面砖黏结强度检验。粘贴后 28 天以内达不到标准或有争议时,应以 28～60 天内约定时间检验的黏结强度为准。

3. 评定标准。

依据《建筑工程饰面砖粘结强度检验标准》(JGJ110—2008)进行评定。

现场粘贴的同类饰面砖,当一组试样均符合下列两项指标要求时,其黏结强度应定为合格;当一组试样均不符合下列两项指标要求时,其黏结强度应定为不合格;当一组试样只符合下列两项指标的一项要求时,应在该组试样原取样区域内重新抽取两组试样检验,若检验结果仍有一项不符合下列指标要求时,则该组饰面砖黏结强度应定为不合格:

每组试样平均黏结强度不应小于 0.4MPa;

每组可有一个试样的黏结强度小于 0.4MPa,但不应小于 0.3MPa。

带饰面砖的预制墙板,当一组试样均符合下列两项指标要求时,其黏结强度应定为合格;当一组试样均不符合下列两项指标要求时,其黏结强度应定为不合格;当一组试样只符合下列两项指标的一项要求时,应在该组试样原取样区域内重新抽取两组试样检验,若检验结果仍有一项不符合下列指标要求时,则该组饰面砖黏结强度应定为不合格:

每组试样平均黏结强度不应小于 0.6MPa;

每组可有一个试样的黏结强度小于0.6MPa，但不应小于0.4MPa。

(五)混凝土结构后置埋件拉拔试验

1.试验内容。

混凝土结构后锚固工程质量应进行抗拔承载力的现场检验。锚栓抗拔承载力现场检验可分为非破坏性检验和破坏性检验。对于一般结构构件及非结构构件，可采用非破坏性检验；对于重要结构构件及生命线工程非结构构件，应采用破坏性检验。

2.试验方法。

锚固抗拔承载力现场非破坏性检验可采用随机抽样办法取样。

同规格，同型号，基本相同部位的锚栓组成一个检验批。抽取数量按每批锚栓总数的1‰计算，且不少于3根。

3.评定标准。

非破坏性检验荷载下，以混凝土基材无裂缝、锚栓或植筋无滑移等宏观裂损现象，且2分钟持荷期间荷载降低≤5%时为合格。当非破坏性检验为不合格时，应另抽不少于3个锚栓做破坏性检验判断。

(六)建筑外门窗气密性、水密性、抗风压性能现场检测

1.外门窗气密性能是指外门窗在正常关闭状态时，阻止空气渗透的能力。采用在标准状态下，压力差为10Pa时的单位开启缝长空气渗透量 q_1 和单位面积空气渗透量 q_2 作为分级指标。共分为八级。

2.外门窗水密性能是指外门窗在正常关闭状态时，在风雨同时作用下，阻止雨水渗透的能力。采用严重渗漏压力差值的前一级压力差值作为分级指标。共分为六级。

3.外门窗抗风压性能是指外门窗在正常关闭状态时，在风压作用下不发生损坏(如：开裂、面板破损、局部屈服、黏结失效等)和五金件松动、开启困难等功能障碍的能力。采用定级检测压力差值P3为分级指标。共分为九级。

4.评定标准。

依据《建筑外门窗气密、水密、抗风压性能分级及检测方法》GB/T7106—2008进行评定。

二、一般装修材料的试验内容、方法和评定标准

(一)人造板材

1.检测内容：甲醛释放量。

其他检测内容：静曲强度、弯曲弹性模量、内结合强度、24小时吸水厚度膨胀率、板内密度偏差、含水率。

2.检测方法：干燥器法、穿孔萃取法、气候箱法。

3.评定标准：甲醛测试标准《室内装饰材料人造板及其制品中甲醛释放限量》(GB18580)的要求。

(二)水泥

1.检测内容：抗压强度、抗折强度、安定性、凝结时间。同一生产厂家、同一等级、同一品种、同一批号且连续进场的水泥，袋装不超过200t为一检验批，散装不超过500t为一检验批。

2. 检测方法：按照《通用硅酸盐水泥》(GB—175)规定执行。
3. 评定标准：符合《通用硅酸盐水泥》(GB—175)要求。

(三)砂

1. 检测内容：颗粒级配及细度模数、表观密度(标准法)、堆积密度、紧密密度、含水率(标准法)、含泥量(标准法)、泥块含量。
2. 检测方法：按照《建筑用砂》(GB/T 14684)规定执行。
3. 评定标准：符合《建筑用砂》(GB/T 14684)要求。

(四)石材

1. 试验内容：放射性元素含量(室内用板材)。
其他：吸水率、耐久性、耐磨性、镜面光泽度、体积密度。
2. 检验方法：外观质量，委托有资质的检测机构检测。
3. 评定标准：石材放射性分为 A、B、C 三类，使用范围：
A 类：其产销与使用范围不受限制；
B 类：不可用于住宅、医院、学校、幼儿园等 I 类民用建筑的内饰面，可用于 I 类民用建筑的外饰面和其他一些建筑的内外饰面；
C 类：只可用于建筑物的外饰面和室外其他用途。

(五)陶瓷砖

1. 试验内容：主要是吸水率。
其他：尺寸、表面质量、断裂模数、破坏强度、抗热震性、耐化学腐蚀性、耐磨性能、湿膨胀、抗冻性等。
2. 检验方法：委托有资质的检测机构检测。
3. 评定标准：符合《陶瓷砖》(GB/T4100)的要求。

(六)纸面石膏板

1. 试验内容：主要包括尺寸、表面质量、断裂荷载、硬度、抗冲击性、护面纸与芯材黏结性、吸水率、表面吸水量以及遇火稳定性等。
2. 检验方法：委托有资质的检测机构检测。
3. 评定标准：符合《纸面石膏板》(GB/T9775)的要求。

(七)内墙涂料

1. 试验内容：游离甲醛、挥发性有机化合物(VOC)、重金属含量等。
2. 检验方法：委托有资质的检测机构检测。
3. 评定标准：符合《室内装饰装修材料内墙涂料中有害物质限量》(GB18582)的要求。

(八)溶剂型木器涂料

1. 试验内容：挥发性有机化合物(VOC)、苯、甲苯和二甲苯总和、游离甲苯二异氰酸酯(TDI)、重金属(限色漆)等。
2. 检验方法：委托有资质的检测机构检测。
3. 评定标准：符合《室内装饰装修材料溶剂型木器涂料中有害物质限量》(GB18581)的要求。

第二节 幕墙工程的试验内容、方法和评定标准

按照《建筑幕墙》(GBT21086—2007)标准的规定,建筑幕墙的检验内容主要分为幕墙性能检验、材料检验以及针对各种幕墙类型的特定检验内容。

一、建筑幕墙检验的分类

(一)按照检验内容分类

1.建筑幕墙性能检验。
2.建筑幕墙材料检验。
3.针对特定类型幕墙的特定检验。

(二)按照检验的过程阶段分类

1.建筑幕墙的型式检验。
2.建筑幕墙的中间检验。
3.建筑幕墙的交收检验。

二、建筑幕墙检验的主要内容

(一)建筑幕墙性能检验的主要内容

幕墙性能应包括抗风压性能、水密性能、气密性能、平面内变形性能、热工性能、空气声隔声性能及耐撞击性能等,共有7个以上的项目(由设计经计算确定)。

通常所说的幕墙四性试验是指抗风压性能、水密性能、气密性能、平面内变形性能。

建筑幕墙性能等级:幕墙的性能等级应根据建筑物所在地的地理位置、气候条件、建筑物的高度、体型及周围环境进行确定。

1.抗风压性能。

建筑幕墙抗风压性能是指幕墙可开启部分处于关闭状态时,在风压作用下,幕墙变形不超过允许值,且不发生结构损坏(如:裂缝、面板破损、局部屈服、黏结失效等)和五金件松动、开启困难等功能障碍。

(1)幕墙的抗风压性能指标应根据幕墙所受的风荷载标准值 W_k 确定,其指标值不应低于 W_k,且不应小于1.0kPa。W_k 的计算应符合《建筑结构荷载规范》(GB50009—2012)的规定。

(2)在抗风压性能指标值作用下,幕墙的支承体系和面板的相对挠度和绝对挠度符合规范的要求。

(3)建筑幕墙抗风压性能共分为九级。

(4)依据《建筑幕墙气密、水密、抗风压性能检测方法》(GB/T15227—2007)进行评定。

2. 水密性能。

建筑幕墙水密性能是指幕墙可开启部分为关闭状态时，在风雨同时作用下，阻止雨水渗透的能力。

(1)《建筑气候区划标准》(GB50178—1993)中，热带风暴和台风多发地区应符合计算要求，且固定部分不宜小于1000Pa，可开启部分与固定部分同级。

(2)其他地区可按上一条计算值的75%进行设计，且固定部分取值不宜低于700Pa，可开启部分与固定部分同级。

(3)有水密性要求的建筑幕墙在现场淋水试验中，不应发生水渗漏现象。开放式建筑幕墙的水密性能可不作要求。

(4)建筑幕墙水密性能共分为五级。

(5)依据《建筑幕墙气密、水密、抗风压性能检测方法》(GB/T15227—2007)进行评定。

3. 气密性能。

建筑幕墙气密性能是指幕墙可开启部分为关闭状态时，可开启部分和幕墙整体阻止空气渗透的能力。

(1)气密性能指标应符合《民用建筑热工设计规范》(GB50176—1993)、《公共建筑节能设计标准》(GB50189—2005)、《居住建筑节能检测标准》(JGJ/T132—2009)、《夏热冬冷地区居住建筑节能设计标准》(JGJ134—2010)、《严寒和寒冷地区居住建筑节能设计标准》(JGJ26—2010)和《夏热冬暖地区居住建筑节能设计标准》(JGJ75—2012)的有关规定，并满足相关节能标准的要求。

(2)开放式建筑幕墙的气密性能不作要求。

(3)建筑幕墙气密性能共分为四级。

(4)依据《建筑幕墙气密、水密、抗风压性能检测方法》(GB/T15227—2007)进行评定。

4. 平面内变形性能和抗震要求。

建筑幕墙平面内变形性能，是指幕墙在楼层反复变位作用下保持其墙体及连接部位不发生危及人身安全的破损的平面内变形能力，用平面内层间位移角进行度量。

(1)抗震性能应满足GB50011的要求。

(2)建筑幕墙平面内变形性能以建筑幕墙层间位移角为性能指标。在非抗震设计时，指标值应不小于主体结构弹性层间位移角控制值；在抗震设计时，指标值应不小于主体结构弹性层间位移角控制值的3倍。

(3)建筑幕墙应满足所在地抗震设防烈度的要求。对有抗震设防要求的建筑幕墙，其试验样品在设计的试验峰值加速度条件下不应发生破坏。幕墙具备下列条件之一时应进行振动台抗震性能试验或其他可行的验证试验：

面板为脆性材料，且单块面板面积或厚度超过现行标准或规范的限制；

面板为脆性材料，且与后部支承结构的连接体系为首次应用；

应用高度超过标准或规范规定的高度限制；

所在地区为9度以上(含9度)设防烈度。

(4)建筑幕墙平面内变形性能共分为五级。

(5)依据《建筑幕墙平面内变形性能检测方法》(GB/T18250—2000)进行评定。

5. 热工性能。

(1)建筑幕墙传热系数应按《民用建筑热工设计规范》(GB50176—1993)的规定确定，并满足《公共建筑节能设计标准》(GB50189—2005)、《居住建筑节能检测标准》(JGJ/T132—2009)、《夏热冬冷地区居住建筑节能设计标准》(JGJ134—2010)、《严寒和寒冷地区居住建筑节能设计标准》(JGJ26—2010)和《夏热冬暖地区居住建筑节能设计标准》(JGJ75—2012)的要求。玻璃(或其他透明材料)幕墙遮阳系数应满足《公共建筑节能设计标准》(GB50189—2005)和《夏热冬暖地区居住建筑节能设计标准》(JGJ75—2012)的要求。

(2)幕墙传热系数应按相关规范进行设计计算。

(3)幕墙在设计环境条件下应无结露现象。

(4)对热工性能有较高要求的建筑,可进行现场热工性能试验。

(5)幕墙传热系数分级指标 K 分为八级。

(6)玻璃幕墙的遮阳系数分级指标 S_C 分为八级。

(7)开放式建筑幕墙的热工性能应符合设计要求。

6. 空气声隔声性能。

(1)空气声隔声性能以计权隔声量作为分级指标,应满足室内声环境的需要,符合 GB50118 的规定。

(2)空气声隔声性能分级指标 R_W 分为五级。

(3)开放式建筑幕墙的空气声隔声性能应符合设计要求。

7. 光学性能。

(1)有采光功能要求的幕墙,其透光折减系数不应低于 0.45。有辨色要求的幕墙,其颜色透视指数不宜低于 Ra80。

(2)建筑幕墙采光性能分级指标透光折减系数 TT 分为五级。

8. 耐撞击性能。

(1)耐撞击性能应满足设计要求。人员流动密度大或青少年、幼儿活动的公共建筑的建筑幕墙,耐撞击性能指标不应低于分级中的二级。

(2)建筑幕墙耐撞击性能分为四级。

9. 承重力性能。

(1)幕墙应能承受自重和设计时规定的各种附件的重量,并能可靠地传递到主体结构。

(2)在自重标准值作用下,水平受力构件在单块面板两端跨距内的最大挠度不应超过该面板两端跨距的 1/500,且不应超过 3mm。

10. 防雷功能。

建筑幕墙的防雷功能应符合《玻璃幕墙工程技术规范》(JGJ102—2003)。《金属与石材幕墙工程技术规范》(JGJ133—2001)的规定。

(二)特定类型幕墙的特定检验内容

1. 单元式幕墙特定检验项目。
2. 点支撑幕墙特定检验项目。
3. 全玻幕墙特定检验项目。
4. 双层幕墙特定检验项目。

(三)建筑幕墙的型式检验

检验项目应符合《建筑幕墙》(GBT21086—2007)中型式检验栏目的要求。

有下列情况之一时应进行型式检验:

1. 新产品或老产品转厂生产的试制定型鉴定;

2. 正式生产后，当结构、材料、工艺有较大改变而可能影响产品性能时；

3. 正常生产时每两年检验一次；

4. 产品停产两年后，恢复生产时；

5. 交收检验结果与上次型式检验有较大差别时；

6. 国家质量监督机构提出进行型式检验要求时。

判定规则：按照《建筑幕墙》(GBT21086—2007)规定的型式检验的检验项目，确定建筑幕墙的各项性能等级，并不得低于标准规定的最低要求。

(四)建筑幕墙的中间检验

建筑幕墙的中间检验主要通过抽样检验来实现。

1. 抽样检验。

(1)抽样检验采用《建筑结构检测技术标准》(GB/T50344—2004)一般项目的一次正常检验方式的规定。

(2)检验批内检验对象应为同类对象，且规格相同。检验批宜按照相关规范划分。

(3)按检验批检验的项目，应进行随机抽样，且最小样本容量应符合《建筑幕墙》(GBT21086—2007)的规定。

(4)石材弯曲强度试验的检验批容量不应大于 8000 件，同一种挂装组合单元挂装承载力试验的检验批容量不应大于 30000 件，检验类别均属《建筑幕墙》(GBT21086—2007)表 78 中 B 类。

(5)同一种石材挂装系统结构承载力试验的检验批容量不应大于 5000 件，每批抽样不少于 9 件，检验类别属《建筑幕墙》(GBT21086—2007)表 78 中 B 类。

(6)胶的相容性试验、黏结试验、切开剥离试验执行标准参见《建筑幕墙》(GBT21086—2007)标准附录 A，应符合其中《建筑用硅酮结构密封胶》(GB16776—2005)的规定。

2. 判定规则。

(1)抽样检验时，检验批的合格判定应符合规范的规定。

(2)满足合格判定数，且不合格值不影响安全和正常使用，则可判定检验批合格。

(3)结构胶厚度、宽度检验应全部合格才判定检验批合格。

(4)检验批中的异常数据，可予以舍弃。异常数据的舍弃应符合 GB/T4883 或其他标准的规定。

(五)建筑幕墙交收检验

检验项目应符合《建筑幕墙》(GBT21086—2007)规范中交收检验栏目的要求。

1. 抽样检验。

(1)幕墙检验样品应具有代表性，工程中不同结构类型的幕墙可分别或以组合形式进行必检项目的检验。

(2)对于应用高度不超过 24m，且总面积不超过 300m^2 的建筑幕墙产品，交收检验时幕墙性能必检项目可采用同类产品的型式试验结果，但型式试验结果必须满足：

①型式试验样品必须能够代表该幕墙产品。

②型式试验样品性能指标不低于该幕墙的性能指标。

(3)检验批宜按照《建筑装饰装修工程质量验收规范》(GB50210—2001)的规定划分。

(4)组件组装质量的检验，每个检验批每 100m^2 应至少抽查一处，且每个检验批不得少于 10 处。

(5)外观质量的检验，可选用全数检验方案。

2. 判定规则。

《建筑幕墙》(GBT21086—2007)规定交收检验项目的检验结果中，抗风压性能检验结果不合格，则该幕墙应判定为不合格。其他必检项目(非抽样检验的项目)不合格，应重新单项复检，如仍不合格，则该幕墙应判定为不合格。

抽样检验的项目中，应有80%抽样实测值合格，且不合格值不影响安全和正常使用，则可判定检验批合格。

三、建筑幕墙材料检验的主要内容

(一)铝合金型材

幕墙工程上使用的建筑铝合金型材主要是6063—T5.6063A—T5.6063—T6.6061等，经阳极氧化(着色)、电泳喷涂、粉末喷涂或氟碳喷涂进行表面处理。

1. 壁厚：主要受力杆件的截面受力部分的铝合金型材壁厚实测值不得小于规范要求和设计要求。
2. 膜厚：铝合金型材表面膜厚平均值不应小于规范及设计要求。
3. 硬度：6063T5型材邵氏硬度值不小于8,6063T6型材邵氏硬度值不小于10。
4. 表面质量：达到设计及规范要求。

(二)钢材

幕墙工程中的钢材主要为碳素结构钢，主要牌号为Q235B及Q345等。钢材表面应采取有效的防腐处理，当采用热浸镀锌时，其膜厚应大于45μm；当采用氟碳漆喷涂或聚氨酯漆喷涂时，其膜厚不宜小于35μm，在空气污染严重地区级海滨地区其膜厚不宜小于45μm。

幕墙工程所使用的钢材应具有产品合格证以及力学性能检验报告。

(三)玻璃

建筑幕墙所使用的玻璃应进行厚度、边长、外观质量、应力和边缘处理情况的检验。

中空玻璃还应检查空气隔层的厚度，密封胶的宽度，隐框半隐框中空玻璃的外层密封胶是否按照规范要求使用硅酮结构密封胶，中空玻璃内表面不得有妨碍透视的污迹及胶粘剂飞溅现象。

(四)石材

1. 吸水率：幕墙用石材吸水率不得大于0.8%。
2. 弯曲强度：幕墙用石材弯曲强度不应小于8.0MPa。
3. 厚度：石材的厚度应满足规范及设计的要求。

(五)铝合金板

1. 幕墙用单层铝板厚度不应小于2.5mm。
2. 氟碳树脂含量不应低于75%；海边及严重酸雨地区，可采用三道或四道氟碳树脂涂层，其厚度应大于40μm；其他地区，可采用两道氟碳树脂涂层，其厚度应大于25μm。
3. 铝塑复合板的上下两层铝合金板的厚度均应为0.5mm，其性能应符合现行国家标准规定的外墙板的技术要求；铝合金板与夹心层的剥离强度标准值应大于7N/mm。

（六）硅酮结构密封胶

1. 试验内容：相容性试验、黏结性试验、邵氏硬度、拉伸黏结性。

2. 试验方法：应委托经国家认可的检测机构进行相关试验项目的检测，并出具检测报告。双组分硅酮结构胶还应进行混合均匀性试验和拉断时间测定。

3 评定标准：达到《建筑用硅酮结构密封胶》(GB16776—2005)规定要求。

（七）硅酮耐候密封胶

1. 试验内容：主要包括拉伸模量、弹性恢复性、定伸黏结性等。其中用于所有与多孔性材料面板接触、黏结的密封胶还应进行抗污染性试验。

2. 试验方法：应委托经国家认可的检测机构进行相关试验项目的检测，并出具检测报告。

3. 评定标准：达到《硅酮建筑密封胶》(GB/T 14683—2003)规定要求。

（八）其他密封材料及衬垫材料

其他密封材料主要包括橡胶密封条、橡胶垫块、双面胶条、泡沫条等。

其他密封材料及衬垫材料的检验，应采用观察检查的方法，密封材料的延伸性应以手工拉伸的方法进行。

思考题

1. 蓄水试验的步骤及评价标准是什么？

2. 建筑幕墙的四性试验的内容，各分为几级？

第六章　装饰装修工程质量问题的分析、预防及处理方法

本章共4节，阐述建设工程质量事故的分类，装饰装修工程施工质量问题的分类，工程质量事故的特点，装饰装修工程中常见的质量问题，质量问题的成因，工程质量事故处理的依据、程序，处理方案的确定，质量处理鉴定验收方法。要求掌握装饰装修工程质量问题的分析、预防及处理方法。

第一节　施工质量问题的分类与识别

一、建筑工程施工质量问题的分类

建设工程质量问题通常分为工程质量缺陷、工程质量通病、工程质量事故等三类。

(一)工程质量缺陷

工程质量缺陷是指建筑工程施工质量中不符合规定要求的检验项或检验点，按其程度可分为严重缺陷和一般缺陷。严重缺陷是指对结构构件的受力性能或安装使用性能有决定性影响的缺陷，一般缺陷是指对结构构件的受力性能或安装使用性能无决定性影响的缺陷。

(二)工程质量通病

工程质量通病是指各类影响工程结构、使用功能和外形观感的常见性质量损伤。犹如“多发病”一样，故称质量通病。

(三)工程质量事故

工程质量事故是指对工程结构安全、使用功能和外形观感影响较大、损失较大的质量损伤。如表6.1所示。

表6.1　建筑工程质量事故分级标准

级　别	分　级　标　准
特别重大事故（Ⅰ级）	1.房屋建筑新建、扩建、改建活动中，发生一次死亡30人以上，或重伤100人以上，或一次造成直接经济损失1亿元以上的事故或事故险情。 2.已建成房屋建筑因工程质量原因发生坍塌，造成一次死亡30人以上，或重伤100人以上，或一次造成直接经济损失1亿元以上的事故或事故险情。

续　表

级　别	分　级　标　准
重大事故（Ⅱ级）	1. 房屋建筑工程新建、扩建、改建活动中，发生一次死亡 10 人以上 30 人以下，或重伤 50 人以上 100 人以下，或一次造成直接经济损失 5000 万元以上 1 亿元以下的事故或事故险情。 2. 已建成房屋建筑因工程质量原因发生坍塌，造成一次死亡 10 人以上 30 人以下，或重伤 50 人以上 100 人以下，或一次造成直接经济损失 5000 万元以上 1 亿元以下的事故或事故险情。
较大事故（Ⅲ级）	1. 房屋建筑工程新建、扩建、改建活动中，发生一次死亡 3 人以上 10 人以下，或重伤 10 人以上 50 人以下，或一次造成直接经济损失 1000 万元以上 5000 万元以下的事故或事故险情。 2. 已建成房屋建筑因工程质量原因发生坍塌，造成一次死亡 3 人以上 10 人以下，或重伤 10 人以上 50 人以下，或直接经济损失 1000 万元以上 5000 万元以下的事故或事故险情。
一般事故（Ⅳ级）	1. 房屋建筑工程新建、扩建、改建活动中，发生一次性死亡 3 人以下，或重伤 10 人以下，或一次造成直接经济损失 1000 万元以下的事故或事故险情。 2. 已建成房屋建筑因工程质量原因发生坍塌，造成一次死亡 3 人以下，或重伤 10 人以下，或一次造成直接经济损失 1000 万元以下的事故或事故险情。

注：本等级划分所称的“以上”包括本数，所称的“以下”不包括本数。

二、装饰装修工程施工质量问题的分类

施工质量问题是指工程的产品质量存在瑕疵，但还未构成质量事故的，经修复或处理后仍能满足使用要求的问题。

装饰装修施工质量问题按性质区分，可以分为结构性质量问题、功能性质量问题、观感性质量问题。

结构性问题包括构件的铆接、焊接、拉接、连接等，在满足强制性标准的前提下因工艺和操作失误导致的个别缺陷，经修复后能满足要求。

功能性问题包括布局、开间、照明、通风、采光等，在满足强制性标准的前提下，因设计或施工导致功能存在一定的缺陷，但在增加了辅助设施或方法后仍能满足使用要求的。

观感性问题包括整体美观、斑点瑕疵等在不影响使用功能的前提下，存在可修复或不修复仍可以被接受的问题。

三、工程质量事故的特点

工程质量事故具有复杂性、严重性、可变性和多发性的特点。

（一）复杂性

建筑装饰装修与一般生产相比具有产品固定、生产流动；产品多样，结构类型不一；材料品种规格多，材料性能各异；多工种、多专业交叉施工，相互干扰大；工艺要求不同，技术标准不一等特点。因此影响装饰装修的质量存在比较复杂的特性。

（二）严重性

工程项目一旦出现质量事故，轻者影响工程顺利进行、延误工期、增加工程费用，重者会留下危险隐患，影响使用功能或不能使用，涉及结构安全的质量甚至会导致建筑物失稳、倒塌，造成生命、财产的巨大损失。

（三）可变性

许多工程质量问题出现后，其质量问题并非稳定于发现初始状态，而是有可能会随着时间而不断发展、变化。例如：幕墙工程中未经计算的材质更换（如由普通涂料墙面更换为干挂石材墙面），会导致建筑物荷载的增加，一般联系梁会慢慢出现裂痕，随着时间的推移，裂痕逐渐加大，导致内部铁质构件加速生锈和老化，最终导致联系构件的破坏，建筑物失稳，甚至倒塌。因此，质量问题有较强的可变性，需引起高度重视并及时修复。

（四）多发性

装饰装修中的质量事故，往往在一些工程部位中经常发生。例如：悬挑梁板开裂、断裂，原因是上部变更了装修材料或者改变了功能布局导致荷载增加，超过了设计标准。因此，总结经验，吸取教训，采取有效措施予以防范十分必要。

第二节　常见的质量问题（通病）

建筑装饰装修工程常见的施工质量缺陷有空、裂、渗、观感效果差等。装饰装修工程各分部（子分部）、分项工程施工常见质量缺陷详见表 6.2。

表 6.2　装饰装修工程分部（子分部）、分项工程施工质量缺陷

序号	分部（子分部）、分项工程名称	质量通病
1	地面工程	水泥地面起砂、空鼓、泛水、渗漏等；板块地面、天然石材地面色泽、纹理不协调，泛碱、断裂，地面砖爆裂拱起、板块类地面空鼓等；木、竹地板地面表面不平整、拼缝不严、地板起鼓等。
2	抹灰工程	一般抹灰：抹灰层脱层、空鼓，面层：爆灰、裂缝、表面不平整、接茬和抹纹明显等； 装饰抹灰除一般抹灰存在的缺陷外，还存在色差、掉角、脱皮等。
3	门窗工程	木门窗：安装不牢固、开关不灵活、关闭不严密、安装留缝大、倒翘等； 金属门窗：划痕、碰伤、漆膜或保护层不连续；框与墙体之间的缝隙封胶不严密；表面不光滑、顺直，有裂纹；门扇的橡胶密封条或毛毡密封条脱槽；排水孔不畅通等。
4	吊顶工程	吊杆、龙骨和饰面材料安装不牢固； 金属吊杆、龙骨的接缝不均匀，角缝不吻合，表面不平整、翘曲、有锤印；木质吊杆、龙骨不顺直、劈裂、变形； 吊顶内填充的吸声材料无防散落措施； 饰面材料表面不洁净、色泽不一致，有翘曲、裂缝及缺损。
5	轻质隔墙工程	墙板材安装不牢固、脱层、翘曲，接缝有裂缝或缺损。
6	饰面板（砖）工程	安装（粘贴）不牢固、表面不平整、色泽不一致、裂痕和缺损、石材表面泛碱。
7	涂饰工程	泛碱、咬色、流坠、疙瘩、砂眼、刷纹、漏涂、透底、起皮和掉粉。
8	裱糊工程	拼接、花饰不垂直，花饰不对称，离缝或亏纸，相邻壁纸（墙布）搭缝，翘边，壁纸（墙布）空鼓，壁纸（墙布）死折，壁纸（墙布）色泽不一致。
9	细部工程	橱柜制作与安装工程：变形、翘曲、损坏、面层拼缝不严密； 窗帘盒、窗台板、散热器罩制作与安装工程：窗帘盒安装上口下口不平、两端距窗洞口长度不一致，窗台板水平度偏差大于 2mm，安装不牢固、翘曲，散热器罩翘曲、不平； 木门窗套制作与安装工程：安装不牢固、翘曲，门窗套线条不顺直、接缝不严密，色泽不致； 护栏和扶手制作与安装：护栏安装不牢固、护栏和扶手转角弧度不顺、护栏玻璃选材不当等。

第三节　形成质量问题的原因分析

根据国际标准化组织(ISO)和我国有关质量、质量管理和质量保证标准定义，凡工程产品质量没有满足某个规定的要求，就称为质量不合格。

由于影响建筑装饰装修工程质量的因素众多且复杂多变，建筑工程在施工和使用过程中往往会出现各种不同程度的质量问题。质量员应在施工管理过程中加强质量意识，增加风险分析，及早制定对策和措施，重视质量事故和问题的防范，避免已发生的质量问题进一步扩大。

一、常见工程质量事故的成因

由于工程建设时间长，所用材料品种繁杂，在施工过程中受社会环境和自然条件的异常影响，使产生的工程质量问题表现形式千差万别，类型多种多样。这使得引起工程质量问题的成因也错综复杂，往往一项质量是由于多种原因引起。通过调查分析发现，其发生的原因有不少相同或相似之处，归纳其最基本的因素主要有以下几个方面。

(一)违背建设程序

建设程序是工程项目建设过程及客观规律的反映，不按建设程序办事，例如：边设计边施工，无图施工，不经竣工验收就交付使用等是导致装饰装修工程质量问题的重要原因。

(二)违反法规行为

例如：无证设计，无证施工，越级设计，越级施工，工程招投标不公平竞争，超常规的低价中标，非法分包，违法转包、挂靠，擅自修改设计等行为。

(三)设计差错

盲目套用设计图纸，采用不正确的设计方案，荷载计算错误或偏差；沉降缝或伸缩缝设置不合理；饰面材料没考虑收口；材质性能不熟悉胡乱运用等都是引发质量问题的原因。

(四)施工与管理不到位

未按图施工或擅自修改设计文件进行施工，擅自变更结构构造，擅自改变节点焊接、铆接、铰接工艺，擅自拆除或凿除受力构件；施工组织混乱，技术交底不清，违章作业，疏于检查、验收，均可能导致质量问题。

(五)使用不合格的材料、制品和设备

施工过程中偷工减料，材质以次充好等都会直接产生工程产品的质量问题；不合格的产品用于受力构件甚至会导致工程严重的质量事故；质量员在材料检查和验收过程中，应严格把好质量关，杜绝不合格产品在工程中的使用。

(六)自然环境因素

对于建筑装饰装修而言，空气湿度、温度、暴雨、大风、洪水、雷电、日晒和浪潮都可能成为产品质

量问题的诱因。质量员在进行施工质量管理过程中应根据施工季节性方案，预控自然环境对工程产品质量的影响。

(七)使用不当

对已完工工程的保护或使用不当，也是产生工程质量问题的原因之一。在工程完工或交付使用后，应编制产品使用说明书，对工程的使用、保护、保养做出明确的书面交底。

二、成因分析方法

由于影响工程质量的因素众多，一个工程质量问题的实际发生，既可能因设计计算和施工图中存在错误，也可能因施工中出现不合格或质量问题，也可能因使用不当，或者由于设计、施工甚至使用、管理、环境等多种原因复合作用。要分析究竟是哪种原因所引起，必须对质量问题的特征表现，以及其在施工中和使用中所处的实际情况和条件进行具体分析。分析方法很多，但基本步骤和要领概括如下。

(一)基本步骤

1. 进行现场调查，充分了解和掌握引发质量问题的现象和特征。
2. 收集调查与质量问题有关的资料，理清之间的各种关系。
3. 找出可能产生质量问题的所有因素。
4. 分析、比较、判断，找出最可能产生本质量问题的原因。
5. 进行必要的计算和分析或模拟实验予以论证确认。
6. 制定解决方案。

(二)分析要领

分析的要领是逻辑推理法。其基本原理是：

1. 确定质量问题的初始点，即所谓的原点。
2. 围绕原点对现场的各种现象和特征进行分析。
3. 综合考虑原因复杂性，确定诱发质量问题的起源点，即真正的原因。

工程质量问题原因分析是对一堆模糊不清的事物和现象客观属性和联系的反映，它的准确性和质量员拥有的能力、学识、经验和态度有极大关系，其结果不是简单的信息描述，而是逻辑的产物，其推理可用于工程质量问题的事前预控。

第四节　质量事故的处理方法

一、工程质量事故处理的依据

进行工程质量事故处理的主要依据有四个方面：质量事故的实况资料；具有法律效力的，得到有关各方认可的工程承包合同、设计委托合同、材料或设备购销合同以及监理合同或分包合同等合同文件；有关的技术文件、归档和相关的建设法规。

在这四个方面依据中，前三种是与特定的工程项目密切相关的具有特定性质的依据。第四种法规性依据，是具有很高权威性、约束性、通用性和普遍性的依据，因而它在工程质量事故的处理事务中，也具有极其重要的、不容置疑的作用。现将这四个方面依据详述如下。

(一)质量事故的实况资料

要搞清质量事故的原因和确定处理对策，首要的是要掌握质量事故的实际情况。有关质量事故实况的资料主要可来自以下几个方面。

1. 施工单位的质量事故调查报告。

质量事故发生后，施工单位有责任就所发生的质量事故进行周密的调查、研究掌握情况，并在此基础上写出调查报告，在调查报告中首先就与质量事故有关的实际情况做详尽的说明。其内容应包括：

(1)质量事故发生的时间、地点。

(2)质量事故状况的描述。发生的事故类型、发生的部位、分布状态及范围、严重程度。

(3)质量事故发展变化的情况(其范围是否继续扩大，程度是否已经稳定等)。

(4)有关质量事故的观测记录、事故现场状态的照片或录像。

2. 监理单位调查研究所获得的第一手资料。

其内容大致与施工单位调查报告中有关内容相似，可用来与施工单位所提供的情况对照、核实。

(二)有关合同及合同文件

1. 所涉及的合同文件可以是工程承包合同、设计委托合同、设备与器材购销合同等。

2. 有关合同和合同文件在处理质量事故中的作用：确定在施工过程中有关各方是否按照合同有关条款实施其活动，借以探寻产生事故的可能原因。例如，施工单位是否在规定时间内通知监理单位进行隐蔽工程验收，监理单位是否按规定时间实施了检查验收；施工单位在材料进场时，是否按规定或约定进行了检验等。此外，有关合同文件还是界定质量责任的重要依据。

(三)有关的技术文件和档案

1. 有关的技术文件。

如施工图纸和技术说明等。它是施工的重要依据。在处理质量事故中，其作用：一方面是可以对照设计文件，核查施工质量是否完全符合设计的规定和要求；另一方面是可以依据所发生的质量事故情况，核查设计中是否存在问题或缺陷，成为导致质量事故的一方面原因。

2. 与施工有关的技术文件、档案和资料。

属于这类文件、档案的有：

(1)施工组织设计或施工方案、施工计划。

(2)施工记录、施工日志等。根据它们可以查对发生质量事故的工程施工时的情况，如：施工时的气温、降雨、风、浪等有关的自然条件，施工人员的情况，施工工艺与操作过程的情况，使用的材料情况，施工场地、工作面、交通等情况，地质及水文地质情况等。借助这些资料可以追溯和探寻质量事故的可能原因。

(3)有关建筑材料的质量证明资料。例如，材料批次、出厂日期、出厂合格证或检验报告、抽检或试验报告等。

(4)质量事故发生后，对施工状况的观测记录、试验记录或试验报告等。例如，对地基沉降的观测记录；对建筑物倾斜或变形的观测记录，这一点在幕墙施工中尤为重要。

(5)其他有关资料。

上述各类技术资料对于分析质量事故原因,判断其发展变化趋势,推断事故影响及严重程度,考虑处理措施等都是不可缺少的,起着重要的作用。

(四)相关的建设法规

《中华人民共和国建筑法》的颁布实施,对加强建筑活动的监督管理、维护市场秩序、保证建设工程质量提供了法律保障。这部工程建设和建筑业的大法的实施,标志着我国工程建设和建筑业进入法制管理新时期。通过几年的发展,国家已基本建立起以《建筑法》为基础与社会主义市场经济体制相适应的工程建设和建筑业法规体系,包括法律、法规、规章及示范文本等。在工程质量事故调查中,现行的法律、法规、规章及示范文本等均作为判断责任的依据。

二、工程质量事故处理的程序

质量员应熟悉各级政府建设行政主管部门处理工程质量事故的基本程序,特别是应把握在质量事故处理过程中如何履行自己的职责。

工程质量事故发生后,停止进行质量缺陷部位和与其有关联部位及下道工序施工,防止事故扩大并保护好现场。迅速按类别和等级向相应的主管部门上报,并于24小时内写出书面报告。

质量事故报告应包括以下主要内容:

事故发生的单位名称,工程(产品)名称、部位、时间、地点;

事故概况和初步估计的直接损失;

事故发生原因的初步分析;

事故发生后采取的措施;

相关各种资料(有条件时)。

各级主管部门处理权限及组成调查组权限如下:

特别重大质量事故由国务院按有关程序和规定处理,重大质量事故由国家建设行政主管部门归口管理,严重质量事故由省、自治区、直辖市建设行政主管部门归口管理,一般质量事故由市、县级建设行政主管部门归口管理。

工程质量事故调查组由事故发生地的市、县以上建设行政主管部门或国务院有关主管部门组织成立。特别重大质量事故调查组组成由国务院批准;一、二级重大质量事故由省、自治区、直辖市建设行政主管部门提出组成意见,人民政府批准;三、四级重大质量事故由市、县级行政主管部门提出组成意见,相应级别人民政府批准;严重质量事故,调查组由省、自治区、直辖市建设行政主管部门组织;一般质量事故,调查组由市、县级建设行政主管部门组织;事故发生单位属国务院部委的,由国务院有关主管部门或其授权部门会同当地建设行政主管部门组织调查组。

三、工程质量事故处理方案的确定

工程质量事故处理方案是指技术处理方案,其目的是消除质量隐患,以达到建筑物的安全可靠和正常使用各项功能及寿命要求,并保证施工的正常进行。其一般处理原则是:

正确确定事故性质:是表面性还是实质性、是结构性还是一般性、是迫切性还是可缓性。

正确确定处理范围:除直接发生部位,还应检查处理事故相邻影响作用范围的结构部位或构件。

其处理基本要求是:满足设计要求和用户的期望;保证结构安全可靠,不留任何质量隐患;符合经济合理的原则。

这就要求制定质量事故处理方案时，以分析事故调查报告中事故原因为基础，结合实地勘查成果，应努力掌握事故的性质和变化规律，并应尽量满足建设单位的要求。因同类和同一性质的事故常可以选择不同的处理方案，故在签认时，应审核其是否遵循一般处理原则和要求，尤其应重视工程实际条件，如：建筑物实际状态、材料实测性能、各种作用的实际情况等，以确保做出正确判断和选择。

尽管对造成质量事故的技术处理方案多种多样，但根据质量事故的情况可归纳为三种类型的处理方案，并从中选择最适用处理方案的方法。

（一）工程质量事故处理方案类型

1. 修补处理。

这是最常用的一类处理方案。通常当工程的某个检验批、分项或分部的质量虽未达到规定的规范、标准或设计要求，存在一定缺陷，但通过修补或更换器具、设备后还可达到要求的标准，又不影响使用功能和外观要求，在此情况下，可以进行修补处理。

属于修补处理这类具体方案很多，诸如封闭保护、复位纠偏、结构补强、表面处理等。对较严重的质量问题，可能影响结构的安全性和使用功能，必须按一定的技术方案进行加固补强处理，这样往往会造成一些永久性缺陷，如改变结构外形尺寸，影响一些次要的使用功能等。

2. 返工处理。

当工程质量未达到规定的标准和要求，存在严重质量问题，对结构的使用和安全构成重大影响，且又无法通过修补处理的情况下，可对检验批、分项、分部甚至整个工程返工处理。

3. 不做处理。

某些工程质量问题虽然不符合规定的要求和标准构成质量事故，但视其严重情况，经过分析、论证、法定检测单位鉴定和设计等有关单位认可，对工程或结构使用及安全影响不大，也可不做专门处理。通常不用专门处理的情况有以下几种：

（1）不影响结构安全和正常使用。

例如，建筑幕墙出现放线定位偏差，且严重超过规范标准规定，若要纠正会造成重大经济损失，若经过分析、论证其偏差不影响生产工艺和正常使用，在外观上也无明显影响，可不做处理。

（2）有些质量问题，经过后续工序可以弥补。例如，做饰面板（砖）湿贴的墙面基层，虽不符合粉刷的平整度要求，但是在进行饰面板（砖）的铺贴后可以消除基层平整度的质量问题，亦可不做专门处理。

（3）经法定检测单位鉴定合格。

例如，原楼板结构混凝土强度为 C30，在楼面结构上进行细石混凝土找平，混凝土的强度没有达到 C30 的强度，但是经过鉴定，作为找平层该细石混凝土不影响结构安全和使用功能，可以判定为合格，继续使用。

（4）出现的质量问题，经检测鉴定达不到设计要求，但经原设计单位核算，仍能满足结构安全和使用功能。例如，某一幕墙结构构件截面尺寸和材料强度复核验算，仍能满足设计的承载力，可不进行专门处理。这是因为一般情况下，规范标准给出了满足安全和功能的最低限度要求，而设计往往在此基础上留有一定余量，这种处理方式实际上是挖掘了设计潜力或降低了设计的安全系数。

（二）选择最适用工程质量事故处理方案的辅助方法

选择工程质量处理方案，是一项复杂而重要的工作，它直接关系到工程的质量、费用和工期。处理方案选择不合理，不仅劳民伤财，严重的会留有隐患，危及人身安全，特别是对需要返工或不做处理的方案更应慎重对待。

工程质量事故处理方案的辅助决策方法有如下几个。

1. 实验验证。

即对某些有严重质量缺陷的项目，可采取合同规定的常规试验以外的试验方法进一步进行验证，以便确定缺陷的严重程度。例如，预埋锚栓单个强度低于要求的标准不太大时，可进行加载试验，以证明其是否满足使用要求。

2. 定期观测。

有些工程（例如幕墙工程的沉降问题），在发现其质量缺陷时其状态可能尚未达到稳定仍会继续发展。在这种情况下一般不宜过早做出决定，可以对其进行一段时间的观测，然后再根据情况做出决定。

3. 专家论证。

对于某些工程质量问题，可能涉及的技术领域比较广泛，或问题很复杂，有时仅根据合同规定难以决策，这时可提请专家论证。而采用这种办法时，应事先做好充分准备，尽早为专家提供尽可能详尽的情况和资料，以便使专家能够进行较充分的、全面和细致的分析、研究，提供切实的意见与建议。

4. 方案比较。

这是比较常用的一种方法。同类型和同一性质的事故可先设计多种处理方案，然后结合当地的资源情况、施工条件等逐项给出权重，做出对比，从而选择具有较高处理效果又便于施工的处理方案。例如，结构构件承载力达不到设计要求，可采用改变结构构造来减少结构内力、结构卸荷或结构补强等不同处理方案，可将其每一方案按经济、工期、效果等指标列项并分配相应权重值，进行对比，辅助决策。

四、工程质量事故处理的鉴定验收

质量事故的技术处理是否达到了预期目的，消除了工程质量不合格和工程质量问题，是否仍留有隐患。

（一）检查验收

工程质量事故处理完成后，依据质量事故技术处理方案设计要求，通过实际测量，检查各种资料数据进行验收，并应办理交工验收文件，组织各有关单位会签。

（二）必要的鉴定

为确保工程质量事故的处理效果，凡涉及结构承载力等使用安全和其他重要性能的处理工作，常需做必要的试验和检验鉴定工作。或质量事故处理施工过程中建筑材料及构配件保证资料严重缺乏，或对检查验收结果各参与单位有争议时，常见的检验工作有：结构荷载试验，确定其实际承载力；超声波检测焊接或结构内部质量；灌水渗漏检验等。检测鉴定必须委托政府批准的有资质的法定检测单位进行。

（三）验收结论

对所有质量事故无论经过技术处理，通过检查鉴定验收还是不需专门处理的，均应有明确的书面结论。若对后续工程施工有特定要求，或对建筑物使用有一定限制条件，应在结论中提出。

验收结论通常有以下几种：

1. 事故已排除，可以继续施工。

2.隐患已消除，结构安全有保证。

3.经修补处理后，完全能够满足使用要求。

4.基本上满足使用要求，但使用时应有附加限制条件，例如限制荷载等。

5.对耐久性的结论。

6.对建筑物外观影响的结论。

7.对短期内难以做出结论的，可提出进一步观测检验意见。

对于处理后符合《建筑工程施工质量验收统一标准》的规定的，监理工程师应予以验收、确认，并应注明责任方主要承担的经济责任。对经加固补强或返工处理仍不能满足安全使用要求的分部工程、单位(子单位)工程，不能作为合格工程验收。

五、质量通病问题分析示例

(一)地面工程

涂膜防水层主要质量通病有空鼓、渗漏等。

(1)原因分析。

①基层潮湿，找平层未干，含水率过大等原因使涂膜空鼓起泡。

②穿过屋面的管道根部、地漏和伸缩缝等部位因管道根部松动或涂膜黏结不牢，接触面不干净，产生空隙；接茬、封口处搭接长度不够，黏结不紧密；伸缩缝因冷缩热胀变形、拉裂防水层。

(2)防治措施。

建筑地面工程采用的材料应按设计要求和规范规定选用，进场时应查验材料的质量合格证明文件、性能检测报告，防水材料应经复验合格后方可使用。

卫生间的烟道、井道四周和楼板四周除门洞外，应做混凝土翻边，其高度不应小于150mm。

管道穿楼板处，应设置金属或塑料套管。安装在楼板内的套管，其顶部高出装饰地面20mm；安装在卫生间及厨房内的套管，其顶部应高出装饰地面50mm，底部应与楼板底面相平。有防水要求的楼板中的预埋套管中间宜增设止水环。穿过楼板的套管与管道之间缝隙应用阻燃密实材料和防水油膏填实，且端面光滑。管道的接口不得设在套管内。

找平层、防水层、面层施工前，基层应清扫、冲洗干净，并应与下一层结合牢固，无空鼓、裂纹；面层不应有裂纹、脱皮、麻面、起砂等缺陷。

整体面层施工时，墙面与地面交接处宜做成半径为10mm的小圆角，见图6.1。

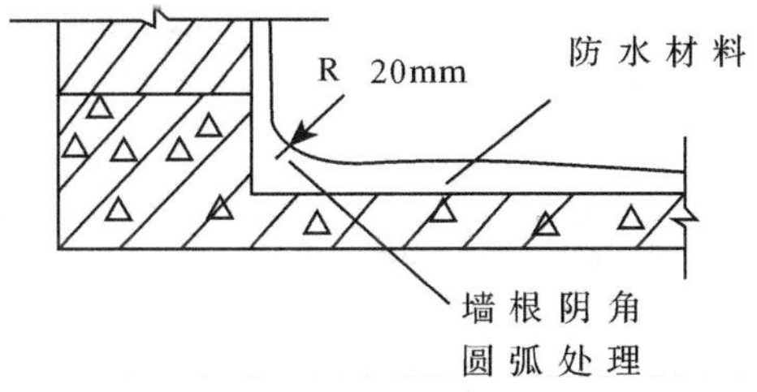

图6.1　墙地面小圆角

整体面层的抹平应在水泥初凝前完成，压光应在水泥终凝前完成。并应根据不同的气候条件，及时养护，养护时间不应少于7d。

穿过有防水要求楼板的管道、地漏留洞封堵密实以及防水层施工完成后必须分别进行蓄水检验，蓄水高度30～50mm，蓄水时间不少于24h。

(二)抹灰工程

1. 砖墙、混凝土基层抹灰主要质量通病:空鼓、裂缝。

(1)原因分析。

①墙体与混凝土交接处未加拉结钢筋,沿交接处出现裂缝。

②基体处理不当或未清理干净。

③基体浇水不足,抹灰砂浆脱水快,影响黏结力。

④原材料质量差。

⑤砂浆配制不好,或使用不当。

⑥门窗框未嵌实,由于经常开关振动,在门窗框边易产生空鼓、裂缝。

(2)预防措施。

①墙体与混凝土柱交接处应按工艺要求加拉结钢筋。

②混凝土表面的油污、油漆、隔离剂等,均应在抹灰前清除干净,可用 1∶1 的水泥砂浆掺 10%的 108 胶喷毛。

③对凹凸不平的墙体,应事先剔平或用 1∶3 的水泥砂浆分层抹平,但当抹灰厚度大于 35mm 时,应采用挂钢网,水泥砂浆分层抹平。

④抹灰前墙体面应浇水,浇水量应根据气温不同来确定,在常温下一般隔夜进行浇水两遍即可。但如因气候和操作环境变化大,则应根据实际酌情掌握。

⑤水泥、砂、石灰、外加剂等原材料应符合质量要求;严格控制配合比;抹灰砂浆必须具有良好的和易性和保水性,常用抹灰砂浆绸度应如下数值控制。

底层抹灰砂浆为 100~120mm;

中层抹灰砂浆为 70~80mm;

面层抹灰砂浆为 100mm;

抹底层砂浆必须与基体黏结牢固,必要时可在砂浆中掺入 108 胶等胶结材料,以提高抹灰砂浆的黏结强度。

⑥抹灰用砂浆的配合比,底层与中层基本相同,底层砂浆的强度不能高于基体的强度,以免抹灰砂浆在凝结过程中产生较强的收缩力,破坏强度较低的基体,从而产生空鼓、裂缝、脱落等质量问题。

⑦木门框边必须用发泡胶等材料填嵌密实。每一道工序应有专人负责。后塞口的木门框,应在墙体砌筑时预埋木砖,混凝土墙体应在支模时预埋木砖或用冲击钻打洞入木榫(楔)。无腰头门框每边 3 块木砖,有腰头门框每边 4 块木砖。木砖应事先做防腐处理,用打扁钉帽 100mm 长圆钉钉牢门框与木砖。钉帽面长向顺木纹进入门框面 3mm。为解决看不到门框与墙体间产生的裂缝,宜在此处钉盖木条,这是很有效的好方法。

2. 轻质隔墙(加气混凝土砌块墙、石膏珍珠岩空心条板等)上的抹灰,主要质量通病:空鼓、裂缝。

(1)原因分析。

①使用的抹灰材料未适应轻质隔墙的特性。

②抹灰的工艺不适应轻质隔墙的特殊要求。

③条板上口不平整,没有与顶板严密黏结,黏结力减弱。

④条板下的楼板面太光滑,且未把垃圾清扫干净,致使砂浆黏结力差。

⑤条板与条板的板缝砂浆不饱满,致使板缝强度减弱。

⑥条板安装时,仅在板的一侧用木楔,而填塞的细石混凝土坍落度过大,造成板底砂浆不密实。

⑦墙体整体性和刚度设计考虑不周，或在砂浆强度未达到设计强度前，墙体受较大的冲击振动，致使板面空鼓、裂缝。

(2)预防措施。

①设计应充分考虑到轻质隔墙的整体性和刚度。安装完成的轻质隔墙，尤其是在安装后胶结材料尚未达到设计前，应避免受较大的冲击振动。对已受震动而使墙体局部松动的，必须经加固补强后方能进行抹灰。

②对墙体交接薄弱的部位，应采取补强措施，使墙体有良好的整体性、刚度，并检查合格后才能进行抹灰。

③加气混凝土墙基体面抹灰必须按下列要求进行处理：

抹灰前把墙面清扫干净。

提前两天对墙面进行浇水，每天2～3次，抹灰时再浇水湿润一遍。

抹底灰前，应对基体面进行刷浆处理，边刷浆边抹底层砂浆。抹混合砂浆时刷一遍掺108胶的素水泥浆，108胶的掺和量为水泥重量的10%～15%。

当用混合砂浆时，底层宜用1∶1∶6，面层用1∶0.3∶3或1∶0.3∶2.5的混合砂浆，总厚度应控制在10～12mm以内。

加气混凝土砌块隔墙采用后立门框时，可在砌块内预埋木砖或者门洞口砌入水泥砖（混凝土块）；也可用直径35mm钻在墙上钻深100mm洞，用木榫（楔）沾108胶水泥浆后打入洞内，外露100mm代木砖，砂浆内可掺入20%的108胶。

④石膏珍珠岩条板墙面抹灰必须按下列要求进行：

适当浇水湿润。

凹进的板缝用砂浆抹平。

刷108胶水溶液一道（108胶∶水＝1∶10）边刷边抹108胶素水泥浆黏结层（108胶为水泥重量的10%～15%）。

待黏结层初凝后再抹厚度不超过10mm的1∶2∶5的水泥砂浆或1∶1∶6混合砂浆，用铁抹子抹平。

⑤内墙可用重量比（水泥∶中砂∶石灰精∶杜拉纤维）为1∶4∶0.003∶0.7砂浆进行抹灰（杜拉纤维即聚丙烯纤维，加进它可以避免抹灰开裂；加进石灰精可减少水泥及用水量，减少砂浆收缩率，从而避免抹灰面出现开裂），可获得良好的防裂效果。

(三)门窗工程

1. 木门安装，主要质量通病。

门扇翘曲，表面粗糙；门铰生锈，安装不好；门扇与框及对地的接缝不符合规范要求；门框与墙接触处无防腐处理，距墙面尺寸不一等；预留木砖尺寸及留设不对。

2. 原因分析。

(1)门扇质量不好，变形大，加工未刨光滑。

(2)门铰质量差，安装方法不对。

(3)未掌握门扇与框及地缝宽的要求。

(4)门框预埋木砖未按规范要求。

(5)施工不够认真。

3. 防治措施。

(1)选择质优的门扇，不要变形，表面要加工光滑。

(2)选择不会生锈的门铰,按规范要求,认真安装做到装铰与相邻的木料面平整,木螺钉只能打入1/3钉长,另2/3要旋入。

(3)门扇上缝1.5mm,边缝1.5~2.5mm;对地距离:当户外为4~5mm,室内为6~8mm;浴、厕、厨为10~12mm。

(4)门框与墙接触面应涂防腐剂,预留木砖应作防腐处理,木砖尺寸不应小于60mm×60mm×100mm,预留木砖数量:当有亮子时,每边框应留不少于4块;当无亮子时,每边框应留不少于3块。木砖间距600~900mm,木砖的木纹与钉向垂直。

(5)认真施工,门框应按设计要求安装,并应使每边距墙表面尺寸一致。

(四)吊顶工程

1.主要质量通病。

用铅丝线吊、用木方顶撑,不够牢固;顶棚不平整,龙骨不通顺,顶棚与内墙接口和顶棚的灯饰、通风口、检查口安装欠妥。

2.原因分析。

①未严格按规范和设计图施工,沿用以往用铅丝线吊、木方顶撑等错误方法。

②没有认真对龙骨进行标高的测设,正确安装,造成顶棚不平整,龙骨不通顺,顶棚与内墙接口欠妥。

③顶棚的灯饰、通风口、检查口安装时没有注意整齐、美观。

(五)防治措施

1.严格按规范和设计图施工(吊杆一般应用花兰螺栓吊杆、型钢刚性吊杆或多功能轻型角钢吊杆)。

2.认真测设龙骨安装位置,做到平整顺直,面积大的顶棚应在中部起拱不少于1/1000~3/1000。

3.注意做好与内墙接口不要出现缝隙,顶棚有灯饰通风口、检查口时,应注意美观。

(六)轻质隔墙工程

1.轻钢龙骨纸面石膏板隔墙,主要质量通病:板面接缝有痕迹。

(1)原因分析。

石膏板端呈直角,当贴穿孔纸带后,由于纸带厚度,出现明显痕迹。

(2)防治措施。

生产倒角板是处理好板面接缝的基本条件,订货时提出要求,若生产不是倒角板,还可在现场加工。

2.加气混凝土条板隔墙,主要质量通病:表面不平整,板材缺棱掉角;接缝有错台,表面凹凸不平超出允许偏差值。

(1)原因分析。

①条板不规矩,偏差较大;或在吊运过程中吊具使用不当,损坏板面和棱角。

②施工工艺不当,安装时不跟线;断板时未锯透就用力断开,造成接触面不平。

③安装时用撬棍撬动,磕碰损坏。

(2)防治措施。

①加气混凝土条板在装车、卸车或现场搬运时,应采用专用吊具或用套胶管的钢丝绳轻吊轻放,

并应侧向分层码放，不得平放。

②条板切割应平整垂直，特别是门窗口边侧必须保持平直；安装前要选板，如有缺棱掉角，应用与加气混凝土材性相近的修补剂进行修补；未经修补的坏板或表面酥松的板不得使用。

③安装前应在顶板（或梁底）和墙上弹线，并应在地面上放出隔墙位置线，安装时以一面线为准，接缝要求平顺，不得有错台。

（七）饰面板（砖）工程

饰面砖工程，主要质量通病：空鼓、裂、砖缝宽不均匀、微裂墙面不平整，非整砖使用不当等。

（1）原因分析。

①基体不干净、光滑、有油质等。

②砂浆配合比不准确，稠度控制不好，由于基体与基层用干缩系数不同易产生开裂、空鼓。

③基层砂浆未按规范规定分层抹灰，每层厚度大于 5～7mm，施工间隔时间太短或连续进行施工，必然会造成开裂、空鼓。

④墙面基层不平，粘贴面砖的砂浆厚薄不均匀，收缩不一。这不仅易使面砖空鼓，而且还会影响墙面的平整度。

⑤面砖材质低劣，有些面砖材质酥松，使用前未认真挑选。

⑥粘贴时的面砖过干或过湿。过干的面砖因面层有积灰，砂浆不易黏结，由于吸水快而使黏结砂浆早期脱水，减弱了黏结力，因而导致面砖空鼓；过湿的面砖由于其表面有一层水，会使贴好的面砖产生浮动，也易导致面砖空鼓。

⑦纠偏不合适。在粘贴砂浆凝结后进行纠偏，容易产生空鼓。

（2）防治措施。

①基体墙面必须清洁，不应有积灰、油质。光滑的混凝土墙面应采取措施（如喷洒加 108 胶的水泥浆使基体面粗糙或凿毛处理）。抹基层砂浆前应浇水湿润。高层建筑的外墙面基层应全挂网抹水泥砂浆（应用 25～50mm 网格，线径 0.6～1mm 的钢网）钢网接口的搭接长度不小于 100mm，避免基层空鼓、裂缝，导致面砖空鼓、裂缝。

②认真按配合比计量拌制水泥砂浆，控制水泥砂浆稠度。

③按规定分层抹基层灰，每层厚度应控制在 5～7mm，每层宜相隔一天，严禁连续抹灰。

④基层必须找平，使面砖粘贴厚度一致。

⑤面砖使用前必须挑选，用套板分类堆放，应剔除缺棱、吊角、挠曲、裂缝、酥松等劣质砖。

⑥面砖使用前应用水浸泡到无气泡为止，但不少于 2 小时，然后出水晾干（外干内湿）才能使用。纠偏工作应在粘贴面砖的纯水泥未凝结前进行。

（八）涂饰工程

1. 外墙涂料主要质量通病：饰面起鼓、起皮、脱落。

（1）原因分析。

①基层表面不坚实，不干净，受油污、粉尘、浮灰等杂物污染。

②新抹水泥砂浆基层湿度大，碱性也大，析出结晶粉末而造成起鼓、起皮。

③基层表面太光滑，泥子强度低，造成涂膜起皮脱落。

（2）防治措施。

①涂刷底釉涂料前，对基层缺陷进行修补平整；刷除表面油污、浮灰。

②检查基层是否干燥，含水率应小于 10%；新抹水泥砂浆基面夏季养护 7 天以上，冬季养护 14 天

以上。现浇混凝土墙面夏季养护10天以上，冬季20天以上。基面碱性不宜过大，pH值为10左右。

③外墙过干，施涂前可稍加湿润，然后涂抗碱底漆或封闭底漆。

④当基层表面太光滑时，要适当敲毛，出现小孔、麻点可用108胶水配滑石粉作泥子刮平。

2. 内墙和顶棚涂料涂层主要质量通病：颜色不均匀。

(1)原因分析。

①不是同批涂料，颜料掺量有差异。

②使用涂料时未搅拌匀或任意加水，使涂料本身颜色深浅不同，造成墙面颜色不均匀。

③基层材料差异，混凝土或砂浆龄期相差悬殊，湿度、碱度有明显差异。

④基层处理差异，如光滑程度不一，有明显接茬、有光面、有麻面等差别，涂刷涂料后，由于光影作用，看上去显得墙面颜色深浅不匀。

⑤施工接茬未留在分格缝或阴阳角处，造成颜色深浅不一致的现象。

(2)防治措施。

①同一工程，应选购同厂同批涂料；每批涂料的颜料和各种材料配合比例须保持一致。

②由于涂料易沉淀分层，使用时必须将涂料搅匀，并不得任意加水。确因特殊情况需要加水时，应掌握均匀一致。

③基层是混凝土时，龄期应在28天以上，砂浆可在7天以上，含水率小于10%，pH值在10以下。

④基层表面麻面小孔，应事先修补平整，砂浆修补龄期不少于3天；若有油污、铁锈、脱模剂等污物时，须先用洗涤剂清洗干净。

⑤严格执行操作规程，接茬必须在施工缝或阴阳角处，不得任意停工甩茬。

(九)裱糊工程

墙纸饰面主要质量通病：翘边，壁纸边沿脱胶离开基层而卷翘的现象。

(1)原因分析。

①涂刷胶液不均匀，漏刷或胶液过早干燥。

②基层有灰尘、油污等，或表面粗糙干燥、潮湿，胶液与基层黏结不牢，使纸边翘起。

③胶粘剂黏性小，造成纸边翘起，特别是阴角处，第2张壁纸粘贴在第1张壁纸的塑料面上，更易出现翘起。

④阳角处裹过阳角的壁纸宽度小于20mm，未能克服壁纸的表面张力，也易翘起。

(2)防治措施。

①根据不同施工环境温度，基层表面及壁纸品种，选择不同的粘胶剂，并涂刷均匀。

②基层表面的灰尘、油污等必须清除干净，含水率不得超过8%。若表面凹凸不平，应先用泥子刮抹平整。

③阴角壁纸搭缝时，应先裱糊压在里面的壁纸，再用黏性较大的胶液粘贴面层壁纸。搭接宽度一般不大于3mm，纸边搭在阴角处，并且保持垂直无毛边。

④严禁在阳角处甩缝，壁纸裹过阳角应不小于20mm，包角壁纸必须使用黏性较强的胶液，并要压实，不能有空鼓和气泡，上、下必须垂直，不能倾斜。有花饰的壁纸更应注意花纹与阳角直线的关系。

⑤将翘边壁纸翻起来，检查产生翘边原因，属于基层有污物的，待清理后，补刷胶液重新粘牢，属于腔粘剂胶性小的，应换用胶性较大的胶粘剂粘贴；如果壁纸翘边已坚硬，除了应使用较强的胶粘剂粘贴外，还应加压，待粘牢平整后才能去掉压力。

(十)细部工程

1. 挂镜线、窗帘盒安装主要质量通病:挂镜线接缝不严,高低不平,四周不交圈;窗帘盒与墙面接触处有空隙,两端伸出窗口的长度不一致,安装得一头高一头低,同一墙面上有几个窗帘盒,但不在同一水平上。

(1)原因分析。

①挂镜线接缝不规矩,由于门窗框或贴脸上皮高低不一,致使挂镜线四周不交圈。

②窗洞口位置有偏差,安装水平基准不对,致使窗帘盒高低不一致;安装单个窗帘盒时,其两端伸出窗框的尺寸凭目测估计,同一墙上安装几个窗帘盒时没有拉通线,高低不一。

(2)预防措施。

①挂镜线。房间的墙壁要平整方正,门窗框高一致,接头处作45°角,面用细刨刨平,接头应在墙面预埋木砖上,在砖墙上也可用冲击钻打洞打入木榫(楔),并用钉子钉牢,挂镜线的钉距应小于50mm。

②窗帘盒。必须以水平线为准安装窗帘盒,一个墙面上有几个窗帘盒时,应拉通线找平;除设计特殊规定外,一般窗帘盒两端离窗口尺寸应一致,可在窗帘盒上画好窗框的位置线后安装。

2. 扶手安装的质量通病:弯头不顺,扶手不直、接头不严。

(1)原因分析。

①木材含水率大,安装后产生变形及收缩裂缝。

②木扶手加工后放置不当而弯曲变形。

③木弯头毛料下得太小,致使弯度不顺,或在整体弯头修整时画线不仔细,造成弯头不顺。

④扶手接手的接触面不平,扁铁不直,立杆与扁铁焊接处表面的焊渣未清除,焊瘤未锉平。

(2)预防措施。

①应选用含水率小于12%的木料制作扶手及弯头。

②加工后的木扶手须平整堆放,应避免日晒或受潮。

③用整料作弯头应先斜纹出方,画线锯成毛坯,再粗加工使其基本成型。然后把基本成型的弯头刨成半成品,其方法是先找准弯头底面,将扶手套在弯头顶端画线,用刨根据线制成半成品。最后是精加工,安装后与扶手找平找顺,使其光滑通顺。

④宽度70mm以上的扶手,以及扶手与整体弯头的接头,须用暗大头钉,并在弯头上或下面的扶手作卯,卯榫必须精确。拼接的弯头应用榫接,需保证拐角处方正。接头可用合成树脂粘接。

⑤接头胶结时应由上而下进行,涂胶要均匀,多余胶应挤出擦净。

⑥须在栏杆扁铁上绑50mm×100mm木枋后再安装铁栏杆,以防止铁栏杆变形。

⑦检查栏杆的平整度、垂直度和斜度,符合要求后再安装木扶手。

⑧铁栏杆表面焊渣要铲除,焊瘤必须锉平。

思考题

1. 建筑工程质量事故分级标准是怎样的?

2. 装饰装修工程施工质量问题是怎样分类的?

3. 装饰装修工程中常见的施工质量问题有哪几方面?

4. 装饰工程施工质量问题分析原因基本步骤和要领是什么?

5. 装饰工程施工质量事故处理方案类型有哪些?

6. 工程质量事故处理鉴定验收的结论有哪几种?

第七章　抽样统计分析的基本知识

本章共 2 节，主要介绍数理统计的基本概念和抽样、统计分析方法。要求能够掌握抽样和统计分析的方法。

第一节　数理统计的基本概念、抽样调查的方法

一、数理统计的基本概念

（一）总体

在数理统计学中，总体也称母体，是所研究对象的全体。个体，是组成总体的基本元素。总体中所含个体的数目通常用 N 表示。当总体内所含个体个数有限时，称为有限总体；当总体内所含个体个数无限时，称为无限总体。在统计工作中，可以根据产品的质量管理规程或实际工作需要，选定总体的范围，如每个月的出厂水泥，某一批进的原材料，都可视为一个总体。

（二）样本

样本也称子样，是从总体（或者检查批）中抽取出来，并根据对其研究结果推断总体质量特征的那部分个体。被抽中的个体称为样品，样品的数目称样本容量，用 n 表示。

（三）抽样

抽样是从总体中抽取部分单位，并进行实际调查，以推断总体。

（四）样本统计量

样本统计量是由抽样总体各单位标志值计算出来反映样本特征，用来估计总体的综合指标，又称为抽样指标，是样本的函数，它是一个随机变量。

样本统计量是随机变量，随着抽到的样本单位不同，其取值也会有变化。统计量是样本变量的函数，用来估计总体参数，因此与总体参数相对应。

常用的统计量有：

$$\overline{x} = \frac{1}{n}\sum_{i=1}^{n} x_i.$$

样本均值。样本均值能反映总体中心位置的信息。

$$S^2 = \frac{1}{n-1}\sum_{i=1}^{n}(x_i - \overline{x})$$

样本方差。样本方差反映总体分散情况。

$$S = \sqrt{\frac{1}{n-1}\sum_{i=1}^{n}(x_1 - \overline{x})^2}$$

样本标准差。样本标准差值小说明分布集中程度高，离散程度低，均值对总体（样本）的代表性好。反之，则说明集中程度低，离散程度高，均值对总体代表性差。

二、抽样调查的方法

全数检查和抽样检查。

检查批量生产的产品一般有两种方法，即全数检查和抽样检查。全数检查是对全部产品逐个进行检查，区分合格品和不合格品，检查对象是单个产品。全数检查也称为100%检查，目的是剔除不合格品，进行返修或报废。抽样检查的对象可以是静止的"批"（有一定的产品范围）或是动态的"过程"（没有一定的产品范围），统称为总体。多数情况是对批的检查，即从批中抽取规定数量的产品作为样本进行检查，再根据所得到的质量数据和预先规定的判定规则来判定该"检查批"是否合格。

抽样检查是对产品批做出判断，并做出相应的处理。例如：在验收检查时，对判为合格的批予以接收，对判为不合格的批则拒收。由于合格批允许有不超过规定限量的不合格品。因此，在需方接收的合格批中，可能含有少量不合格品；而被拒收的不合格批，只是不合格品超过限量，其中大部分仍然可能是合格品。被拒收的批一般要退返给供方，经100%检查并剔除其中的不合格品或用合格品替换后再提供检查。

鉴于批内单位产品质量的波动性和样本抽取的偶然性，抽样检查的错判往往是不可避免的，即有可能把合格批错判为不合格，也可能把不合格批错判为合格。因此，供方和需方都要承担风险，这是抽样检查的缺陷。与全数检查相比，其明显的优势是经济性，因为它只是从批中抽取少量产品，只要合理设计抽样方案，就可以将抽样检查固有的错判风险控制在可接收的范围内。

第二节　施工质量数据抽样和统计分析方法

一、施工质量数据抽样的基本方法

从检查批中抽取样本的方法称为抽样方法。抽样方法的正确性主要指抽样的代表性和随机性。代表性反映样本与批质量的接近程度，而随机性反映检查批中单位产品被抽入样本纯属偶然，即由随机因素决定。在对总体质量状况一无所知的情况下，显然不能以主观的限制条件去提高抽样的代表性，抽样应当是完全随机的，这时采用简单随机抽样最为合理。在对总体质量构成有所了解的情况下，可以采用分层随机或系统随机抽样来提高抽样的代表性。在采用简单随机抽样有困难的情况下，可以采用代表性和随机性较差的分段随机抽样或整群随机抽样。这些抽样方法除简单随机抽样外，都是带有主观限制条件的随机抽样法。通常只要不是有意识地抽取质量好或坏的产品，尽量从批的各部分抽样，都可以近似地认为是随机抽样。

（一）简单随机抽样

简单随机抽样，又称纯随机抽样、完全随机抽样，是指“从含有N个个体的总体中抽取n个个体，使n个个体的所有可能的组合被抽取的可能性都相等”。显然，采用简单随机抽样法时，批中的每一个单位产品被抽入样本的机会均等，它是完全不带主观限制条件的随机抽样。简单随机抽样是抽样中最基本也是最简单的组织形式，它用于均匀总体、标志变异程度不很大，或对总体了解甚少的情况。操作时可将批内的每一个单位产品按1到N的顺序编号，根据获得的随机数抽取相应编号的单位产品，随机数可按国标用掷骰子或者抽签、查随机数表等方法获得。

（二）分层随机抽样

如果一个总体是由质量明显差异的几个部分组成，则可将其分为若干层，使层内的质量较为均匀，而层间的差异较为明显。先将总体的单位按某种特征分为若干次级总体。然后再从每一层内进行单纯随机抽样，组成一个样本。分层可以提高总体指标估计值的精确度，它可以将一个内部变异很大的总体分成一些内部变异较小的层(次总体)。每一层内个体变异越小越好，层间变异则越大越好。分层抽样比单纯随机抽样所得到的结果准确性更高，组织管理更方便，而且它能保证总体中每一层都有个体被抽到。这样除了能估计总体的参数值，还可以分别估计各个层内的情况，因此分层抽样技术常被采用。如研究混凝土浇筑质量时，可以按生产班组分组，或按浇筑时间(白天、黑夜；或季节)分组，或按原材料供应商分组后，再在每组内随机抽取个体。

（三）系统随机抽样

系统随机抽样，又称等距抽样、机械抽样，是先将总体的观察单位按某顺序号等分成n个部分，再从第一部分随机抽第A号观察单位，依次用相等间隔，机械地从每一部分各抽取一个观察单位组成样本。优点是抽样方法简便、易得到一个按比例分配的样本，抽样误差较小；缺点是当观察单位按顺序有周期趋势或单调性趋势时，产生明显偏性。

（四）整群抽样

整群抽样一般是将总体按自然存在的状态分为若干群，并从中抽取样品群组成样本，然后在中选群内进行全数检验的方法。如，对原材料质量进行检测，可按原包装的箱、盒为群随机抽取，对中选箱、盒做全数检验；每隔一定时间抽出一批产品进行全数检验等。

由于随机性表现在群间，样品集中，分布不均匀，代表性差，产生的抽样误差也大，同时在有周期性变动时，也应注意避免系统偏差。

（五）多阶段抽样

多阶段抽样又称多级抽样。上述抽样方法的共同特点是整个过程中只有一次随机抽样，因而统称为单阶段抽样。但是当总体很大时，很难一次抽样完成预定的目标。多阶段抽样是将各种单阶段抽样方法结合使用，通过多次随机抽样来实现的抽样方法。如检验钢材、水泥等质量时，可以对总体1万个个体按不同批次分为100群，每群100件样品，从中随机抽取8群，而后在中选的8群中的800个个体中随机抽取100个个体，这就是整群抽样与分层抽样相结合的二阶段抽样，它的随机性表现在群间和群内有两次。

二、数理统计分析的基本方法

数理统计就是用统计的方法，通过收集、整理质量数据，帮助分析、发现质量问题，从而及时采取对策措施，纠正和预防质量事故。

利用数理统计方法控制质量可以分为三个步骤，即统计调查和整理、统计分析及统计判断。

（一）统计调查和整理

收集解决某方面问题需要的数据，将收集到的数据加以整理和归档，用统计表和统计图的方法，并借助于一些统计特征值（如平均数、标准差等）来表达这批数据所代表的客观对象的统计性质。

（二）统计分析

对经过整理、归档的数据进行统计分析，研究它的统计规律。

（三）统计判断

根据统计分析的结果对总体的现状或发展趋势做出有科学根据的判断。

常见的统计分析方法有统计调查表法、分层法、直方图法、控制图法、相关图法等。

1. 统计调查表法。

统计调查表法又称统计调查分析法，是指利用专门设计的统计表对数据进行收集、整理和粗略分析质量状态的一种方法。在材料质量控制活动中，利用统计调查表收集数据，简便灵活，便于整理。它没有固定格式，可根据需要和具体情况，设计出不同的统计调查表。如不合格项目调查表、不合格原因调查表等。

2. 分层法。

分层法又叫分类法，是将调查收集的原始数据，根据不同的目的和要求，按某一性质进行分组、整理的分析方法。分层的结果使数据各层间的差异突出地显示出来，层内的数据差异减少了。在此基础上再进行层间、层内的比较分析，可以更深入地发现和认识质量问题的原因。由于影响材料产品质量的因素是多方面的，因而对同一批数据，可以按不同性质分层，能从不同角度来考虑、分析材料存在的质量问题和影响因素。

例 7.1 石材幕墙钢结构龙骨的质量调查分析，共检查了 50 个连接点，其中不合格 20 个，不合格率为 40%，存在严重的质量问题，试用分层法分析质量问题的原因。

经调查这批石材幕墙钢结构龙骨的工序是由李、张、王三个师傅操作的，钢龙骨由甲、乙两个厂家提供的。分别按操作者和钢龙骨厂家进行分层分析，考虑单一因素对龙骨连接质量的影响，分析如表 7.1 和表 7.2 所示。

表 7.1 按操作者分层

操作者	不合格	合格	不合格率
李	5	12	29%
张	4	8	33%
王	11	10	52%
合计	20	30	40%

表 7.2　按钢龙骨供应厂家分层

厂家	不合格	合格	不合格率
甲 乙	9 11	15 15	38% 42%
合计	20	30	40%

按操作者分层，由表 7.1 可知操作者王不合格率较高，达到 52%；按钢龙骨供应厂家分层，由表 7.2 可知甲、乙两个厂家的不合格率都很高而且相差不大。为了进一步分析问题之所在，采用综合分层进行分析，同时考虑操作者和钢龙骨供应厂家的因素，分析见表 7.3。

表 7.3　综合分层分析连接点质量

操作者	连接质量	甲厂		乙厂		合计	
		连接点	不合格率(%)	连接点	不合格率(%)	连接点	不合格率(%)
李	不合格 合格	5 3	63%	0 9	0	5 12	29%
张	不合格 合格	0 4	0	4 4	50%	4 8	33%
王	不合格 合格	4 8	33%	7 2	78%	11 10	52%
合计	不合格 合格	9 15	38%	11 15	42%	20 30	40%

由表 7.3 的综合分层分析法可知，在使用甲厂的钢龙骨时，采用张师傅的操作方法好；在使用乙厂的钢龙骨时，采用李师傅的操作方法好。采用综合分层分析法可以详细分析出连接质量不良的原因。

3. 直方图法。

直方图法即频数分布直方图法，它是将收集到的质量数据进行分组整理，绘制成频数分布直方图，用以描述质量分布状态的一种分析方法，所以又称质量分布图法。

(1)直方图的绘制。

收集整理数据。

用随机抽样的方法抽取数据，一般要求数据在 50 个以上。

例 7.2　某大型商场找平层浇筑 C15 细石混凝土，为对其抗压强度进行质量分析，共收集了 50 份抗压强度试验报告单，见表 7.4。

表 7.4　数据整理表　　单位(n/mm^2)

序号	抗压强度数据					最大值	最小值
1	19.90	18.85	16.90	15.75	18.05	19.90	15.75 *
2	18.60	19.00	16.55	14.50	18.00	19.50	16.55
3	17.90	17.60	15.90	18.55	17.00	18.55	15.90
4	19.95	17.15	16.60	20.20	20.60	20.60	16.60
5	19.60	17.70	17.20	19.05	20.10	20.10	17.20
6	21.15	18.75	17.75	19.65	18.65	21.15	17.75

续　表

序号	抗压强度数据					最大值	最小值
7	17.95	21.20	20.90	18.15	18.10	21.20	17.95
8	23.1 *	18.80	19.15	19.85	19.00	23.1 *	18.80
9	18.20	.19.15	21.70	19.10	19	21.20	18.20
10	22.20	21.00	18.95	19.20	19.75	22.20	18.95

计算极差 R。

极差 R 是数据中最大值和最小值之差。本例中：

$X_{max}=23.1\text{N/mm}^2$

$X_{max}=15.75\text{N/mm}^2$

$R=X_{max}-X_{min}=23.1-15.75=7.35\text{N/mm}^2$

对数据分组。

包括确定组数、组距和组限。

确定组数 k。

确定组数的原则是分组的结果能正确地反映数据的分布规律。组数应根据数据多少来确定。组数过少，会掩盖数据的分布规律；组数过多，使数据过于零乱分散，也不能显示出质量分布状况。一般可参考表 7.5 的经验数值确定。

表 7.5　数据分组经验参考值

数据总数 n	分组数 k	数据总数 n	分组数 k	数据总数 n	分组数 k	数据总数 n	分组数 k
50 以内	5～6	50～100	6～10	100～250	7～12	250 以上	10～20

本例中取分组数 8。

确定组距 h。

组距是组与组之间的差距。分组要恰当，如果分得太多，则画出的直方图像“锯齿状”从而看不出明显的规律；如分得太少，会掩盖组内数据变动的情况。组距可按下式计算：

$$h=\frac{R}{k}$$

式中　R——极差；

k——组数。

本例中 $h=\dfrac{R}{k}=\dfrac{7.35}{8}=0.92\approx 1\text{N/mm}^2$

确定组限。

每组的最大值为上限，最小值为下限，上、下限统称组限。确定组限时应注意使各组之间连续，即较低组上限应为相邻较高组下限，这样才不致使有的数据被遗漏。对恰恰处于组限值上的数据，其解决的办法有二：一是规定每组上（或下）组限不计在该组内，而计入相邻较高（或较低）组内；二是将组限值较原始数据精度提高半个最小测量单位。

本例采取第一种办法划分组限，即每组上限不计入该组内。

第一组下限：$X_{min}-h/2=15.75—1.0/2=15.25$

第一组上限：$15.25+h=15.2+1=16.25$

第二组下限＝第一组上限＝16.25

第二组上限：$16.25+h=16.25+1=17.25$

以下依次类推，最高组限为 22.25—23.25，分组结果覆盖了全部数据。

编制数据频数统计表。

表 7.6 数据频数统计表

组号	组限(N/mm²)	频数	组号	组限(N/mm²)	频数
1	15.25～16.25	2	5	19.25～20.25	9
2	16.25～17.25	6	6	20.25～21.25	5
3	17.25～18.25	10	7	21.25～22.25	2
4	18.25～19.25	15	8	22.25～23.25	1
合计					50

绘制频数分布直方图。

横坐标为质量特性值，纵坐标为频数，绘制直方图，如图 7.1 所示。

(2)直方图的观察与分析。

观察直方图的形状，判断质量分布状态。

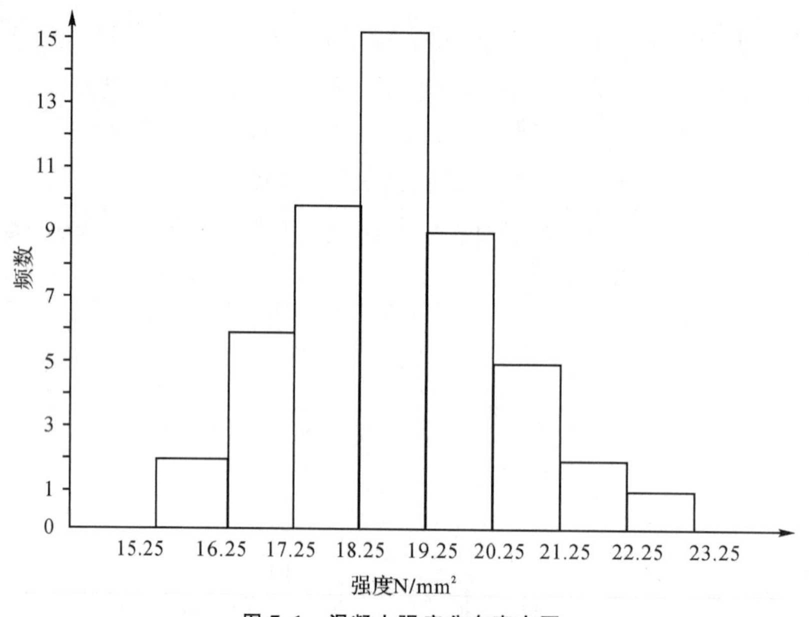

图 7.1 混凝土强度分布直方图

作完直方图后，首先要认真观察直方图的整体形状，看其是否属于正常型直方图。正常型直方图就是中间高、两侧低、左右接近对称的图形，如图 7.2(a)所示。

出现非正常型直方图时，表明生产过程或收集数据作图有问题。这就要求进一步分析判断，找出原因，从而采取措施加以纠正。凡属非正常型直方图，其图形分布有各种不同缺陷，归纳起来一般有五种类型，如图 7.2 所示。

Ⅰ折齿型(图 7.2b)，是由于分组组数不当或者组距确定不当出现的直方图。

Ⅱ左(或右)缓坡型(图 7.2c)，主要是由于操作中对上限(或下限)控制太严造成的。

Ⅲ孤岛型(图 7.2d)，是原材料发生变化，或者临时他人顶班作业造成的。

Ⅳ双峰型(图 7.2e)，是由于用两种不同方法或两台设备或两组工人进行生产，然后把两方面数据混在一起整理产生的。

Ⅴ绝壁型(图 7.2f)，是由于数据收集不正常，可能有意识地去掉下限以下的数据，或是在检测过

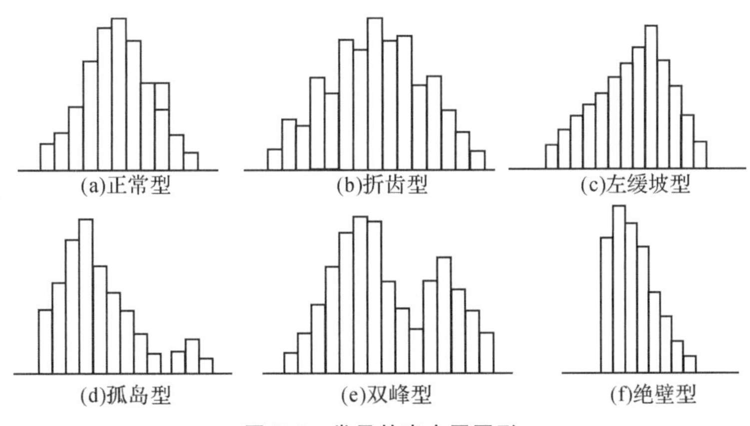

图 7.2　常见的直方图图形

程中存在某种人为因素所造成的。

将直方图与质量标准比较，判断实际生产过程能力。

作出直方图后，除了观察直方图形状，分析质量分布状态外，再将正常型直方图与质量标准比较，从而判断实际生产过程能力。正常型直方图与质量标准相比较，一般有如图 7.3 所示的六种情况。

Ⅰ图 7.3(a)，B 在 T 中间，质量分布中心$\bar{x}$与质量标准中心 M 重合，实际数据分布与质量标准相比较两边还有一定余地。这样的生产过程质量是很理想的，说明生产过程处于正常的稳定状态。在这种情况下生产出来的产品可认为全都是合格品。

Ⅱ图 7.3(b)，B 虽然落在 T 内，但质量分布中心 $\bar{x}$ 与 T 的中心 M 不重合，偏向一边。这样如果生产状态一旦发生变化，就可能超出质量标准下限而出现不合格品。出现这种情况时应迅速采取措施，使直方图移到中间来。

Ⅲ图 7.3(c)，B 在 T 中间，且 B 的范围接近了 T 的范围，没有余地，生产过程一旦发生小的变化，产品的质量特性值就可能超出质量标准。出现这种情况时，必须立即采取措施，以缩小质量分布范围。

Ⅳ图 7.3(d)，B 在 T 中间，但两边余地太大，说明加工过于精细，不经济。在这种情况下，可以对原材料、设备、工艺、操作等控制要求适当放宽些，有目的地使 B 扩大，从而有利于降低成本。

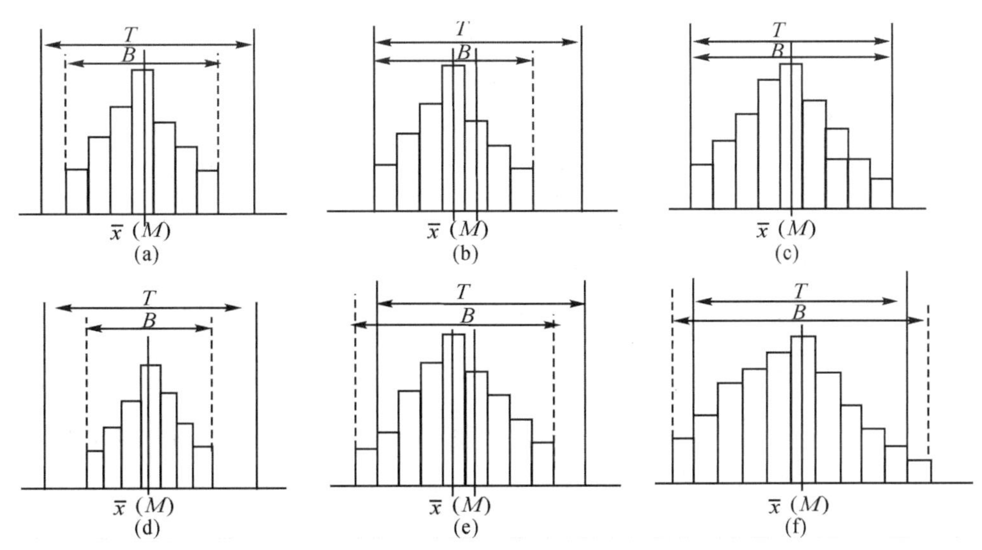

T 表示质量标准要求界限，B 表示实际质量特性分布范围。

图 7.3　实际质量分析与标准比较

Ⅴ图 7.3(e),质量分布范围 B 已超出标准下限之外,说明已出现不合格品。此时必须采取措施进行调整,使质量分布位于标准之内。

Ⅵ图 7.3(f),质量分布范围完全超出了质量标准上、下界限,散差太大,产生许多废品,说明过程能力不足,应提高过程能力,使质量分布范围 B 缩小。

4. 控制图法。

控制图法又称管理图,是用于分析和判断施工生产工序是否处于稳定状态所使用的一种带有控制界限的图形。它的主要作用是反映施工过程的运动状况,分析、监督、控制施工过程,对工程质量的形成过程进行预先控制。

(1)控制图的基本形式。

控制图的基本形式如图 7.4 所示。横坐标为样本序号或抽样时间,纵坐标为被控制对象,即被控制的质量特性值。控制图上一般有三条线:在上面的一条虚线称为上控制界线,用符号 UCL 表示;在下面的一条虚线称为下控制界限,用符号 LCL 表示;中间的一条实线称为中心线,用符号 CL 表示。中心线标志着质量特性值分布的中心位置,上下控制界限标志着质量特性值允许波动范围。

在生产过程中通过抽样取得数据,把样本统计量描在图上来分析判断生产过程状态。如果点随机散落在上、下控制界限内,则表明过程处于稳定状态,不会产生不合格品;如果点超出控制界限,或点排列有缺陷,则表明生产条件发生了异常变化,生产过程处于失控状态。

(2)控制图控制界限的确定。

根据数理统计的原理,考虑经济的原则,通常采用"三倍标准差法"来确定控制界限,即将中心线定在被控制对象的平均值上,以中心线为基准向上向下各量三倍被控制对象的标准偏差,即为上、下控制界限。如图 7.5 所示。

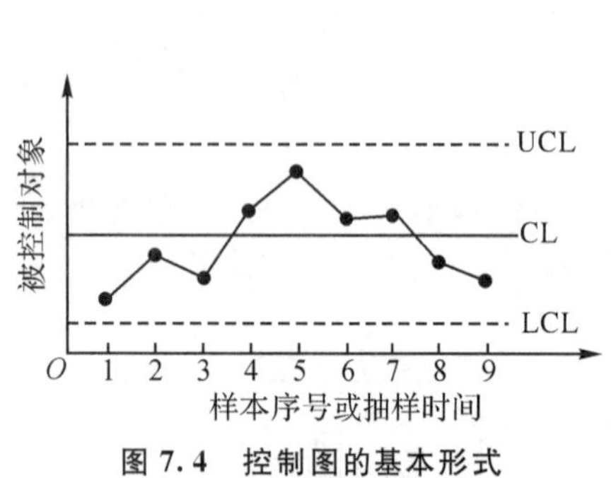

图 7.4 控制图的基本形式

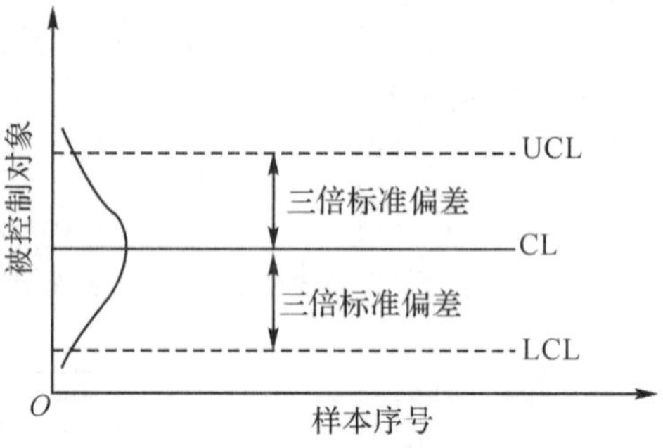

被控制对象
UCL
三倍标准偏差
CL
三倍标准偏差
LCL
O
样本序号

图 7.5 控制界限的确定

采用三倍标准偏差法,是因为控制图是以正态分布为理论依据的。采用这种方法可以在最经济的条件下,实现生产过程控制,保证产品质量。

在采用三倍标准差法确定控制界限时,其计算公式如下:

中心线 $CL=E(X)$

上控制界限 $UCL=E(X)+30(X)$

下控制界限 $LCL=E(X)-3D(X)$

式中 X 为样本统计量,X 可取平均值、中位数、单值、极差、不合格数、不合格率缺陷数等,$E(X)$为 X 的平均值,$D(X)$为 X 的标准偏差。

(3)控制图的用途。

控制图是用样本数据来分析判断生产过程是否处于稳定状态的有效工具。它的用途主要有两个:过程分析,即分析生产过程是否稳定。为此,应随机连续收集数据,绘制控制图,观察数据点分布情况并判定生产过程状态。

过程控制，即控制生产过程质量状态。为此，要定时抽样取得数据，将其变为点子描在图上，发现并及时消除生产过程中的失调现象，预防不合格品的产生。

前面讲述的排列图、直方图法是质量控制的静态分析法，反映的是质量在某一段时间里的静止状态。然而产品都是在动态的生产过程中形成的，因此，在质量控制中单用静态分析法显然是不够的，还必须有动态分析法。只有动态分析法，才能随时了解生产过程中质量的变化情况，及时采取措施，使生产处于稳定状态，起到预防出现废品的作用。控制图就是典型的动态分析法。

控制图按用途可分为分析用控制图和管理用控制图。分析用控制图主要用来调查分析生产过程是否处于控制状态，绘制分析用控制图时，一般需连续抽取 20～25 组样本数据，计算控制界限。

管理用控制图主要用来控制生产过程，使之经常保持在稳定状态下。

(4)控制图的观察与分析。

绘制控制图的目的是分析判断生产过程是否处于稳定状态。这主要是通过对控制图上点子分布情况的观察与分析进行的。因为控制图上点子作为随机抽样的样本，可以反映出生产过程(总体)的质量分布状态。

当控制图同时满足以下两个条件：一是点子几乎全部落在控制界限之内；二是控制界限内的点子排列没有缺陷，就可以认为生产过程基本上处于稳定状态。如果点子的分布不满足其中任何一条，都应判断生产过程为异常。

点子几乎全部落在控制界线内，是指应符合下述三个要求：

Ⅰ连续 25 点以上处于控制界限内。

Ⅱ连续 35 点中仅有 1 点超出控制界限。

Ⅲ连续 100 点中不多于 2 点超出控制界限。

点子排列没有缺陷，是指点子的排列是随机的，而没有出现异常现象。这里的异常现象是指点子排列出现了“链”“多次同侧”“趋势或倾向”“周期性变动”“接近控制界限”等情况。

链是指点子连续出现在中心线一侧的现象。出现五点链，应注意生产过程发展状况；出现六点链，应开始调查原因；出现七点链，应判定工序异常，需采取处理措施。

多次同侧是指点子在中心线一侧多次出现的现象，或称偏离。下列情况说明生产过程已出现异常：在连续 11 点中有 10 点在同侧，如图 7.6 所示。在连续 14 点中有 12 点在同侧，在连续 17 点中有 14 点在同侧，在连续 20 点中有 16 点在同侧。

趋势或倾向是指点子连续上升或连续下降的现象。连续 7 点或 7 点以上上升或下降排列，就应判定生产过程有异常因素影响，要立即采取措施，如图 7.7 所示。

周期性变动即点子的排列显示周期性变化的现象。这样即使所有点子都在控制界限内，也应认为生产过程为异常，如图 7.8 所示。

点子排列接近控制界限是指点子落在了 $\mu\pm20$ 以外和 $\mu\pm30$ 以内。如属下列情况的判定为异常：连续 3 点至少有 2 点接近控制界限，连续 7 点至少有 3 点接近控制界限，连续 10 点至少有 4 点接近控制界限。如图 7.9 所示。

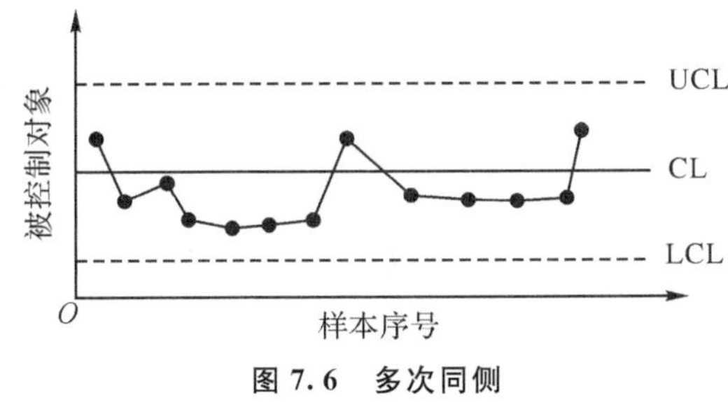

图 7.6　多次同侧

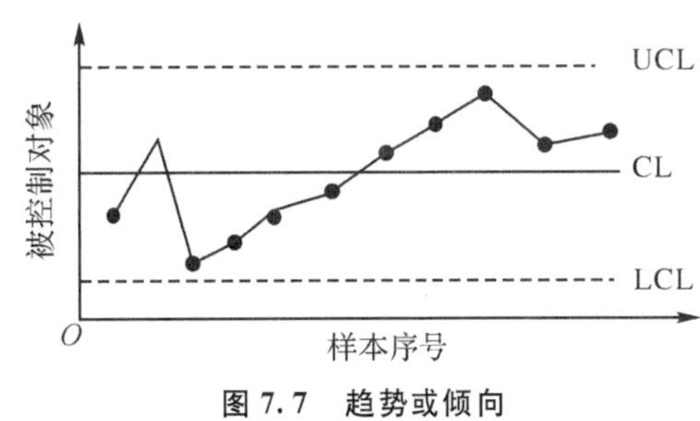

图 7.7　趋势或倾向

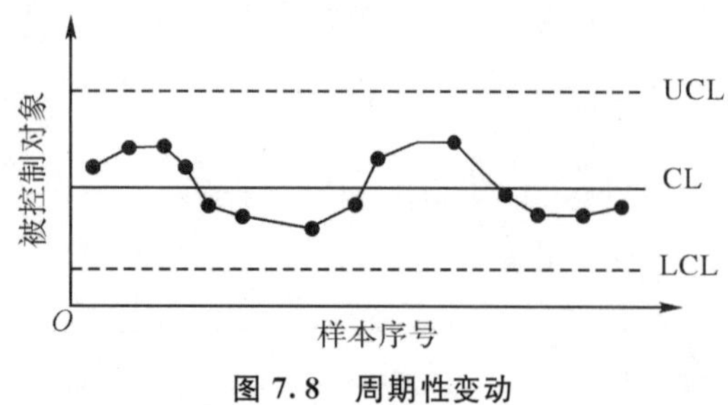

图 7.8 周期性变动

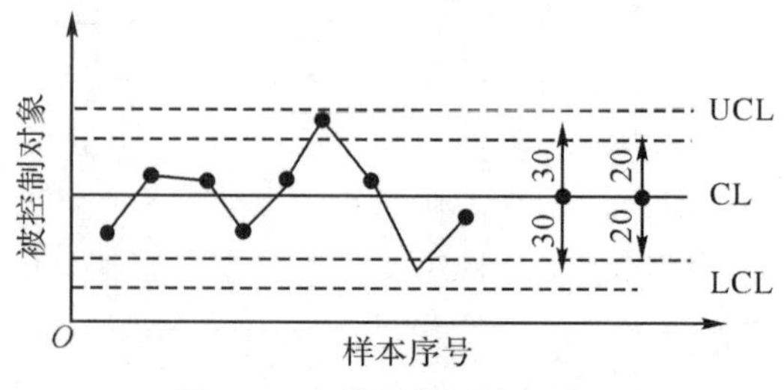

图 7.9 点排列接近控制界限

以上是分析用控制图判断生产过程是否正常的准则。如果生产过程处于稳定状态，则把分析用控制图转为管理用控制图。分析用控制图是静态的，而管理用控制图是动态的。

随着生产过程的进展，通过抽样取得质量数据把点描在图上，随时观察点子的变化，一是点子落在控制界限外或界限上，即判断生产过程异常，点子即使在控制界限内，也应随时观察其有无缺陷，以对生产过程正常与否做出判断。

5. 相关图。

(1)相关图的定义。

相关图又称散布图，在质量控制中它是用来显示两种质量数据之间关系的一种图形。质量数据之间的关系多属相关关系，一般有三种类型：一是质量特性和影响因素之间的关系；二是质量特性和质量特性之间的关系；三是影响因素和影响因素之间的关系。

可以用 y 和 x 分别表示质量特性值和影响因素，通过绘制散布图，计算相关系数等，分析研究两个变量之间是否存在相关关系，以及这种关系密切程度如何，进而对相关程度密切的两个变量，通过对其中一个变量的观察控制，去估计控制另一个变量的数值，以达到保证产品质量的目的。这种统计分析方法，称为相关图法。

(2)相关图的绘制方法。

例 7.3 分析混凝土抗压强度和水灰比之间的关系。

收集数据。要成对地收集两种质量数据，数据不得过少。本例中数据见表 7.7。

表 7.7 混凝土抗压强度与水灰比统计资料

序号		1	2	3	4	5	6	7	8
x	水灰比(W/C)	0.4	0.45	0.5	0.55	0.6	0.65	0.7	0.75
y	强度(N/mm^2)	36.3	35.5	28.2	24.0	23.0	20.6	18.4	15.0

绘制相关图。在直角坐标系中，一般 x 轴用来代表原因的量或较易控制的量，本例中表示水灰比；y 轴用来代表结果的量或不易控制的量，本例中表示强度。然后将数据中相应的坐标位置上描点，便得到散布图，如图 7.10 所示。

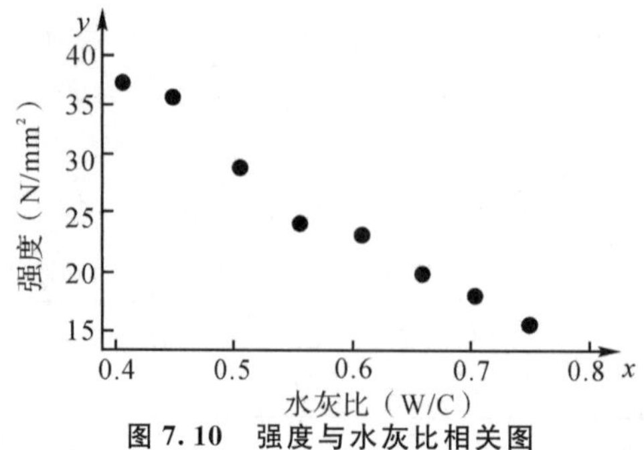

图 7.10 强度与水灰比相关图

相关图的观察与分析。相关图中点的集合，反映了两种数据之间的散布状况。根据散布状况可以分析两个变量之间的关系。归纳起来，有以下六种类型，如图 7.11 所示。

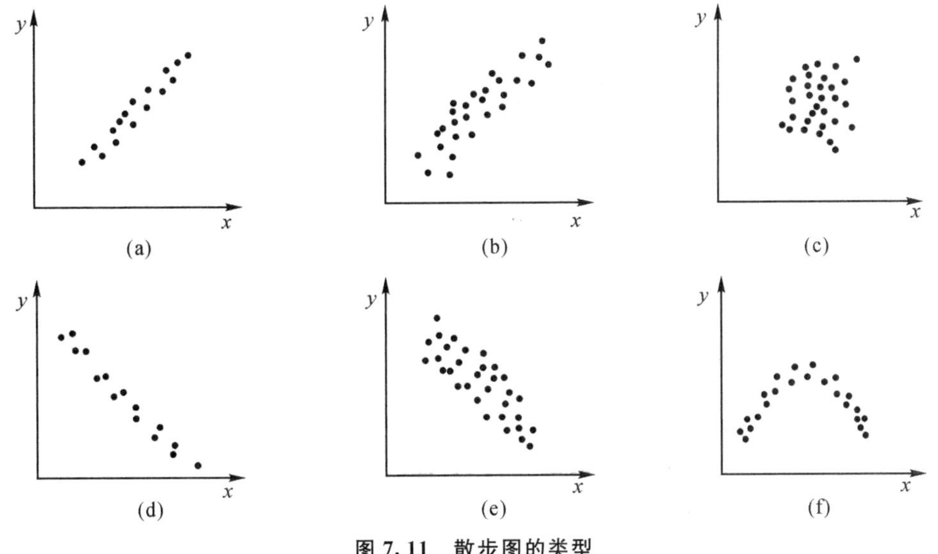

图 7.11　散步图的类型

正相关(图 7.11a)：散布点基本形成由左至右向上变化的一条直线带，即随 x 增加，y 值也相应增加，说明 x 与 y 有较强的制约关系。此时，可通过对 x 控制而有效控制 y 的变化。

弱正相关(图 7.11b)：散布点形成向上较分散的直线带。随 x 值的增加，y 值也有增加趋势，但 x、y 的关系不像正相关那么明确。说明 y 除受 x 影响外，还受其他更重要的因素影响。需要进一步利用因果分析图法分析其他的影响因素。

不相关(图 7.11c)：散布点形成一团或平行于 x 轴的直线带。说明 x 变化不会引起 y 的变化或其变化无规律，分析质量原因时可排除 x 因素。

负相关(图 7.11d)：散布点形成由左向右向下的一条直线带。说明 x 对 y 的影响与正相关恰恰相反。

弱负相关(图 7.11c)：散布点形成由左至右向下分布的较分散的直线带。说明 x 与 y 的相关关系较弱，且变化趋势相反，应考虑寻找影响 y 的其他更重要的因素。

非线性相关(图 7.11f)。散布点呈一曲线带，即在一定范围内 x 增加，y 也增加；超过这个范围 x 增加，y 则有下降趋势，或改变变动的斜率呈曲线形态。

从图 7.10 可以看出，例题中水灰比对强度影响属于负相关。初步结果是，在其他条件不变的情况下，混凝土强度随着水灰比的增大而呈逐渐降低的趋势。

思考题

1. 简述总体、样本、抽样的概念。
2. 简述利用数理统计方法控制质量的步骤。

第八章　装饰装修工程质量检验与评定

本章共11节，主要介绍装饰装修工程的质量检验和评定的内容及方法，通过质量检验和评定来控制装饰装修工程的质量。要求能够评价装饰装修工程主要材料的质量和装饰装修施工实验结果。

建筑工程质量验收应划分为单位(子单位)工程、分部(子分部)工程、分项工程和检验批，装饰装修工程是建筑工程的一个分部工程，当建筑工程只有装饰装修分部时，该工程应作为单位工程验收。建筑装饰装修工程的子分部工程及其分项工程的划分见表8.1。

表8.1　建筑装饰装修工程的子分部工程及其分项工程的划分

项次	子分部工程	分项工程
1	地面工程	整体面层、板块面层、木竹面层等
2	抹灰工程	一般抹灰、保温层薄抹灰、装饰抹灰、清水砌体勾缝
3	外墙防水工程	砂浆防水、涂膜防水、透气膜防水
4	门窗工程	木门窗安装、金属门窗安装、塑料门窗安装、特种门安装、门窗玻璃安装
5	吊顶工程	整体面层吊顶、板块面层吊顶、格栅吊顶
6	轻质隔墙工程	板材隔墙、骨架隔墙、活动隔墙、玻璃隔墙
7	饰面板工程	石材安装、陶瓷板安装、木板安装、金属板安装、塑料板安装
8	饰面砖工程	内墙饰面砖粘贴、外墙饰面砖粘贴
9	幕墙工程	玻璃幕墙、金属幕墙、石材幕墙、人造板材
10	涂饰工程	水性涂料涂饰、溶剂型涂料涂饰、美术涂饰
11	裱糊与软包工程	裱糊、软包
12	细部工程	橱柜制作与安装，窗帘盒、窗台板制作与安装，门窗套制作与安装，护栏和扶手制作与安装，花饰制作与安装

第一节　地面工程

一、基本要求

1. 根据《建筑地面工程施工质量验收规范》(GB50209)的规定，建筑地面工程子分部工程、分项工程的划分如下。

(1)整体面层。

基层:基土、灰土垫层、砂垫层和砂石垫层、碎石垫层和碎砖垫层、三合土及四合土垫层、炉渣垫层、水泥混凝土垫层和陶粒混凝土垫层、找平层、隔离层、填充层、绝热层。

面层:水泥混凝土面层、水泥砂浆面层、水磨石面层、硬化耐磨面层、防油渗面层、不发火(防爆的)面层、自流平面层、涂料面层、塑胶面层、地面辐射供暖的整体面层。

(2)板块面层。

基层:基土、灰土垫层、砂垫层和砂石垫层、碎石垫层和碎砖垫层、三合土及四合土垫层、炉渣垫层、水泥混凝土垫层和陶粒混凝土垫层、找平层、隔离层、填充层、绝热层。

面层:砖面层(陶瓷锦砖、缸砖、陶瓷地砖和水泥花砖面层)、大理石面层和花岗石面层,预制板块面层(水泥混凝土板块、水磨石板块、人造石板块面层)、料石面层(条石、块石面层)、塑料板面层、活动地板面层、金属板面层、地毯面层、地面辐射供暖的板块面层。

(3)木竹面层。

基层:基土、灰土垫层、砂垫层和砂石垫层、碎石垫层和碎砖垫层、三合土及四合土垫层、炉渣垫层、水泥混凝土垫层和陶粒混凝土垫层、找平层、隔离层、填充层、绝热层。

面层:实木地板、实木集成地板、竹地板面层(条材、块材面层)、实木复合地板面层(条材、块材面层)、浸渍纸层压木质地板面层(条材、块材面层)、软木类地板面层(条材、块材面层)、地面辐射供暖的木板面层。

2.基层(各构造层)和各类面层分项工程的施工质量验收应按每一层次或每层施工段(或变形缝)划分检验批,高层建筑的标准层可按每三层(不足三层按三层计)划分检验批。

3.每检验批应以各子分部工程的基层(各构造层)和各类面层所划分的分项工程按自然间(或标准间)检验,抽查数量应随机检验不应少于3间;不足3间,应全数检查;其中走廊(过道)应以10延长米为1间,工业厂房(按单跨计)、礼堂、门厅应以两个轴线为1间计算。

4.有防水要求的建筑地面子分部工程的分项工程施工质量每检验批抽查数量,应按其房间总数随机检验不应少于4间,不足4间应全数检查。

5.检验方法应符合下列规定:

(1)检查允许偏差应采用钢尺、1m直尺、2m直尺、3m直尺、2m靠尺、楔形塞尺、坡度尺、游标卡尺和水准仪。

(2)检查空鼓应采用敲击的方法。

(3)检查防水隔离层应采用蓄水方法,蓄水深度最浅处不得小于10mm,蓄水时间不得少于24小时;检查有防水要求的建筑地面的面层应采用泼水方法。

(4)检查各类面层(含不需铺设部分或局部面层)表面的裂纹、脱皮、麻面和起砂等缺陷,应采用观感的方法。

二、整体面层铺设(以水磨石面层为例)

适用于水泥混凝土(含细石混凝土)面层、水泥砂浆面层、水磨石面层、硬化耐磨面层、防油渗面层、不发火(防爆)面层、自流平面层、涂料面层、塑胶面层、地面辐射供暖的整体面层等面层分项工程的施工质量检验。整体面层的允许偏差和检验方法应符合表8.2的规定。质量检验标准以水磨石面层为例,因篇幅所限,其他面层分项工程内容从略。

表 8.2　整体面层的允许偏差和检验方法

项次	项目	允许偏差(mm)									检验方法
		水泥混凝土面层	水泥砂浆面层	普通水磨石面层	高级水磨石面层	硬化耐磨面层	防油渗混凝土和不发火(防爆)面层	自流平面层	涂料面层	塑胶面层	
1	表面平整度	5	4	3	2	4	5	2	2	2	2m 靠尺,楔形塞尺检查
2	踢脚线上口平直	4	4	3	3	4	4	3	3	3	拉 5m 线和钢尺检查
3	缝格平直	3	3	3	2	3	3	2	2	2	

(一)主控项目

1. 材料质量。

合格质量标准:水磨石面层的石粒应采用白云石、大理石等岩石加工而成,石粒应洁净无杂物,其粒径除特殊要求外应为 6～16mm;颜料应采用耐光、耐碱的矿物原料,不得使用酸性颜料。

检验方法:观察、检查,检查质量合格证明文件。

检查数量:同一工程、同一体积比检查一次。

2. 拌和料体积比。

合格质量标准:水磨石面层拌和料的体积比应符合设计要求,且水泥与石粒的比例应为 1∶1.5～1∶2.5。

检验方法:检查配合比试验报告。

检查数量:同一工程、同一体积比检查一次。

3. 防静电水磨石面层。

合格质量标准:防静电水磨石面层应在施工前和施工完成表面干燥后进行接地电阻和表面电阻检测,并做好记录。

检验方法:检查施工记录和检测报告。

检查数量:随机检验不应少于 3 间;不足 3 间的应全数检查,其中走廊(过道)应以 10 延长米为 1 间,工业厂房(按单跨计)、礼堂、门厅应以两个轴线为 1 间计算;有防水要求的建筑地面子分部工程的分项工程施工质量每检验批抽查数量应按其房间总数随机检验不应少于 4 间,不足 4 间的应全数检查。

4. 面层与下一层结合。

合格质量标准:面层与下一层结合应牢固,且应无空鼓、裂纹。当出现空鼓时,空鼓面积不应大于 $400cm^2$,且每自然间或标准间不应多于 2 处。

检验方法:观察和用小锤轻击检查。

检查数量:随机检验不应少于 3 间;不足 3 间的,应全数检查,其中走廊(过道)应以 10 延长米为 1 间,工业厂房(按单跨计)、礼堂、门厅应以两个轴线为 1 间计算;有防水要求的建筑地面子分部工程的分项工程施工质量每检验批抽查数量应按其房间总数随机检验不应少于 4 间,不足 4 间的应全数检查。

(二)一般项目

1. 面层质量。

合格质量标准:面层表面应光滑,且应无裂纹、砂眼和磨痕;石粒应密实,显露应均匀;颜色图案应一致,不混色;分格条应牢固、顺直和清晰。

检验方法:观察。

检查数量:随机检验不应少于3间;不足3间的应全数检查,其中走廊(过道)应以10延长米为1间,工业厂房(按单跨计)、礼堂、门厅应以两个轴线为1间计算;有防水要求的建筑地面子分部工程的分项工程施工质量每检验批抽查数量应按其房间总数随机检验不应少于4间,不足4间的应全数检查。

2. 踢脚线。

合格质量标准:踢脚线与柱、墙面应紧密结合,踢脚线高度及出柱、墙厚度应符合设计要求,且均匀一致,当出现空鼓时,局部空鼓长度不应大于300mm,且每自然间或标准间不应多于2处。

检验方法:用小锤轻击、钢尺和观察检查。

检查数量:随机检验不应少于3间;不足3间的应全数检查,其中走廊(过道)应以10延长米为1间,工业厂房(按单跨计)、礼堂、门厅应以两个轴线为1间计算;有防水要求的建筑地面子分部工程的分项工程施工质量每检验批抽查数量应按其房间总数随机检验不应少于4间,不足4间的的应全数检查。

3. 楼梯、台阶踏步。

合格质量标准:楼梯、台阶踏步的宽度、高度应符合设计要求。楼层梯段相邻踏步高度差不应大于10mm;每踏步两端宽度差不应大于10mm,旋转楼梯梯段的每踏步两端宽度的允许偏差不应大于5mm。踏步面层应做防滑处理,齿角应整齐,防滑条应顺直、牢固。

检验方法:观察和用钢尺检查。

检查数量:随机检验不应少于3间;不足3间的应全数检查,其中走廊(过道)应以10延长米为1间,工业厂房(按单跨计)、礼堂、门厅应以两个轴线为1间计算;有防水要求的建筑地面子分部工程的分项工程施工质量每检验批抽查数量应按其房间总数随机检验不应少于4间,不足4间的的应全数检查。

4. 允许偏差。

合格质量标准:水磨石面层的允许偏差应符合表8.2的规定。

检验方法:见表8.2。

检查数量:随机检验不应少于3间;不足3间的应全数检查,其中走廊(过道)应以10延长米为1间,工业厂房(按单跨计)、礼堂、门厅应以两个轴线为1间计算;有防水要求的建筑地面子分部工程的分项工程施工质量每检验批抽查数量应按其房间总数随机检验不应少于4间,不足4间的应全数检查。

注:

1. 水磨石面层应采用水泥与石粒的拌和料铺设,有防静电要求时,拌和料内应按设计要求掺入导电材料。面层厚度除有特殊要求外,宜为12—18mm,且按石粒粒径确定。水磨石面层的颜色和图案应符合设计要求。

2. 白色或浅色的水磨石面层,应采用白水泥;深色的水磨石面层,宜采用硅酸盐水泥、普通硅酸盐水泥或矿渣硅酸盐水泥;同颜色的面层应使用同一批水泥。同一彩色面层应使用同厂、同批的颜料,其掺入量宜为水泥重量的3%～6%或由试验确定。

3. 水磨石面层的结合层采用水泥砂浆时,强度等级应符合设计要求且不应小于M10,稠度宜为30～35mm。

4. 防静电水磨石面层中采用导电金属分格条时，分格条应经绝缘处理，且十字交叉处不得碰接。

5. 普通水磨石面层磨光遍数不应少于3遍。高级水磨石面层的厚度和磨光遍数应由设计确定。

6. 水磨石面层磨光后，在涂草酸和上蜡前，其表面不得污染。

7. 防静电水磨石面层应在表面经清洁、干燥后，在表面均匀涂抹一层防静电剂和地板蜡，并应做抛光处理。

三、板块面层分项

适用于砖面层、大理石和花岗石面层、预制板块面层、料石面层、塑料板面层、活动地板面层、金属板面层、地毯面层、地面辐射供暖的板块面层等面层分项工程的施工质量验收。板块面层的允许偏差和检验方法应符合规定。因篇幅所限，质量检验标准以砖面层为例，其他面层分项工程内容从略。

表8.3　板块面层的允许偏差和检验方法

项次	项目	允许偏差(mm)											检验方法
		陶瓷锦砖、高级水磨石板、陶瓷地砖面层	缸砖面层	水泥花砖面层	水磨石板块面层	大理石面层和花岗石面层、人造石面层、金属板面层	塑料板面层	水泥混凝土板块面层	碎拼大理石、碎拼花岗石面层	活动地板面层	条石面层	块石面层	
1	表面平整度	2	4	3	3	1	2	4	3	2	10	10	用2m靠尺和楔形塞尺检查
2	缝格平直	3	3	3	3	2	3	3	—	2.5	8	8	拉5m线和用钢尺检查
3	接缝高低差	0.5	1.5	0.5	1	0.5	0.5	1.5	—	0.4	2	—	用钢尺检查和楔形塞尺检查
4	踢脚线上口平直	3	4	—	4	1	2	4	1	—	—	—	拉5m线和用钢尺检查
5	板块间隙宽度	2	2	2	2	1	—	6	—	0.3	5	—	用钢尺检查

(一)主控项目

1. 块材质量。

合格质量标准：砖面层所用板块产品应符合设计要求和国家现行有关标准的规定。

检验方法：观察、检查，包括型式检验报告、出厂检验报告、出厂合格证。

检查数量：同一工程、同一材料、同一生产厂家、同一型号、同一规格、同一批号检查一次。

2. 放射性限量检测。

合格质量标准：砖面层所用板块产品进入施工现场时，应有放射性限量合格的检测报告。

检验方法：检查检测报告。

检查数量：同一工程、同一材料、同一生产厂家、同一型号、同一规格、同一批号检查一次。

3. 面层与下一层结合。

合格质量标准：面层与下一层结合（黏结）应牢固，应无空鼓（单块砖边角允许有局部空鼓，但每自然间或标准间的空鼓砖不应超过总数的 5%）。

检验方法：用小锤轻击检查。

检查数量：随机检验不应少于 3 间；不足 3 间的应全数检查，其中走廊（过道）应以 10 延长米为 1 间，工业厂房（按单跨计）、礼堂、门厅应以两个轴线为 1 间计算；有防水要求的建筑地面子分部工程的分项工程施工质量每检验批抽查数量应按其房间总数随机检验不应少于 4 间，不足 4 间的应全数检查。

（二）一般项目

1. 面层表面质量。

合格质量标准：砖面层的表面应洁净、图案清晰，色泽应一致，接缝应平整，深浅一致，周边应顺直。板块应无裂纹、掉角和缺楞等缺陷。

检验方法：观察检查。

检查数量：随机检验不应少于 3 间；不足 3 间，应全数检查，其中走廊（过道）应以 10 延长米为 1 间，工业厂房（按单跨计）、礼堂、门厅应以两个轴线为 1 间计算；有防水要求的建筑地面子分部工程的分项工程施工质量每检验批抽查数量应按其房间总数随机检验不应少于 4 间，不足 4 间的应全数检查。

2. 面层邻接处镶边。

合格质量标准：面层邻接处的镶边用料及尺寸应符合设计要求，边角应整齐、平滑。

检验方法：观察和用钢尺检查。

检查数量：随机检验不应少于 3 间；不足 3 间的应全数检查，其中走廊（过道）应以 10 延长米为 1 间，工业厂房（按单跨计）、礼堂、门厅应以两个轴线为 1 间计算；有防水要求的建筑地面子分部工程的分项工程施工质量每检验批抽查数量应按其房间总数随机检验不应少于 4 间，不足 4 间的应全数检查。

3. 踢脚线质量。

合格质量标准：踢脚线表面应洁净，与柱、墙面的结合应牢固。踢脚线高度及出柱、墙厚度应符合设计要求，且均匀一致。

检验方法：观察和用小锤轻击及钢尺检查。

检查数量：随机检验不应少于 3 间；不足 3 间的应全数检查，其中走廊（过道）应以 10 延长米为 1 间，工业厂房（按单跨计）、礼堂、门厅应以两个轴线为 1 间计算；有防水要求的建筑地面子分部工程的分项工程施工质量每检验批抽查数量应按其房间总数随机检验不应少于 4 间，不足 4 间的应全数检查。

4. 楼梯、台阶踏步。

合格质量标准：楼梯、台阶踏步的宽度、高度应符合设计要求。踏步板块的缝隙宽度应一致；楼层梯段相邻踏步高度差不应大于 10mm；每踏步两端宽度差不应大于 10mm，旋转楼梯梯段的每踏步两端宽度的允许偏差不应大于 5mm。踏步面层应做防滑处理，齿角应整齐，防滑条应顺直、牢固。

检验方法：观察和用钢尺检查。

检查数量：随机检验不应少于 3 间；不足 3 间的应全数检查，其中走廊（过道）应以 10 延长米为 1 间，工业厂房（按单跨计）、礼堂、门厅应以两个轴线为 1 间计算；有防水要求的建筑地面子分部工程的分项工程施工质量每检验批抽查数量应按其房间总数随机检验不应少于 4 间，不足 4 间的应全数检查。

5. 面层表面坡度。

合格质量标准：面层表面的坡度应符合设计要求，不倒泛水、无积水；与地漏、管道结合处应严密牢固，无渗漏。

检验方法：观察，泼水或用坡度尺及蓄水检查。

检查数量：随机检验不应少于3间；不足3间的应全数检查，其中走廊（过道）应以10延长米为1间，工业厂房（按单跨计）、礼堂、门厅应以两个轴线为1间计算；有防水要求的建筑地面子分部工程的分项工程施工质量每检验批抽查数量应按其房间总数随机检验不应少于4间，不足4间的应全数检查。

6. 允许偏差。

合格质量标准：水磨石面层的允许偏差应符合表8.3的规定。

检验方法：见表8.3。

检查数量：随机检验不应少于3间；不足3间的应全数检查，其中走廊（过道）应以10延长米为1间，工业厂房（按单跨计）、礼堂、门厅应以两个轴线为1间计算；有防水要求的建筑地面子分部工程的分项工程施工质量每检验批抽查数量应按其房间总数随机检验不应少于4间，不足4间的应全数检查。

注：

1. 砖面层可采用陶瓷锦砖、缸砖、陶瓷地砖和水泥花砖，应在结合层上铺设。

2. 在水泥砂浆结合层上铺贴缸砖、陶瓷地砖和水泥花砖面层时，应符合下列规定：

（1）在铺贴前，应对砖的规格尺寸、外观质量、色泽等进行预选；需要时，浸水湿润晾干待用；

（2）勾缝和压缝应采用同品种、同强度等级、同颜色的水泥，并做养护和保护。

3. 在水泥砂浆结合层上铺贴陶瓷锦砖面层时，砖底面应洁净，每联陶瓷锦砖之间、与结合层之间以及在墙角、镶边和靠柱、墙处应紧密贴合。在靠柱、墙处不得采用砂浆填补。

4. 在胶结料结合层上铺贴缸砖面层时，缸砖应干净，铺贴应在胶结料凝结前完成。

四、木、竹面层分项（以实木复合地板面层为例）

适用于实木地板面层、实木集成地板面层、竹地板面层、实木复合地板面层、浸渍纸层压木质地板面层、软木类地板面层、地面辐射供暖的木板面层等（包括免刨、免漆类）面层分项工程的施工质量检验。木、竹面层的允许偏差和检验方法应符合表8.4的规定。因篇幅所限，质量检验标准以实木复合地板面层为例，其他面层分项工程内容从略。

表8.4　木、竹面层的允许偏差和检验方法

项次	项目	允许偏差（mm）				检验方法
		实木板、实木集成地板、竹地板面层			浸渍纸层压木质地板、实木复合地板、软木类地板面层	
		松木地板	硬木地板、竹地板	拼花地板		
1	板面缝隙宽度	1	0.5	0.2	0.5	用钢尺检查
2	表面平整度	3	2	2	2	用2m靠尺和楔形塞尺检查
3	踢脚线上口平齐	3	3	3	3	拉5m通线，不足5m拉通线和用钢尺检查
4	板面拼缝平直	3	3	3	3	
5	相邻板材高差	0.5	0.5	0.5	0.5	用钢尺检查和楔形塞尺检查
6	踢脚线上口平直	1				楔形塞尺检查

(一)主控项目

1. 材料质量。

合格质量标准:实木复合地板面层采用的地板、胶粘剂等应符合设计要求和国家现行有关标准的规定。

检验方法:观察、检查,包括型式检验报告、出厂检验报告、出厂合格证。

检查数量:同一工程、同一材料、同一生产厂家、同一型号、同一规格、同一批号检查一次。

2. 有害物质限量检测。

合格质量标准:实木复合地板面层采用的材料进入施工现场时,应有以下有害物质限量合格的检测报告:

(1)地板中的游离甲醛(释放量或含量);

(2)溶剂型胶粘剂中的挥发性有机化合物(VOC)、苯、甲苯+二甲苯;

(3)水性胶粘剂中的挥发性有机化合物(VOC)和游离甲醛。

检验方法:检查检测报告。

检查数量:同一工程、同一材料、同一生产厂家、同一型号、同一规格、同一批号检查一次。

3. 防腐、防蛀。

合格质量标准:木搁栅、垫木和垫层地板等应做防腐、防蛀处理。

检验方法:观察检查和检查验收记录。

检查数量:随机检验不应少于 3 间;不足 3 间的应全数检查,其中走廊(过道)应以 10 延长米为 1 间,工业厂房(按单跨计)、礼堂、门厅应以两个轴线为 1 间计算;有防水要求的建筑地面子分部工程的分项工程施工质量每检验批抽查数量应按其房间总数随机检验不应少于 4 间,不足 4 间的应全数检查。

4. 木搁栅安装。

合格质量标准:木搁栅安装应牢固、平直。

检验方法:观察检查和检查验收记录。

检查数量:随机检验不应少于 3 间;不足 3 间的应全数检查,其中走廊(过道)应以 10 延长米为 1 间,工业厂房(按单跨计)、礼堂、门厅应以两个轴线为 1 间计算;有防水要求的建筑地面子分部工程的分项工程施工质量每检验批抽查数量应按其房间总数随机检验不应少于 4 间,不足 4 间的应全数检查。

5. 面层铺设。

合格质量标准:面层铺设应牢固,粘贴应无空鼓、松动。

检验方法:观察,行走或用小锤轻击检查。

检查数量:随机检验不应少于 3 间;不足 3 间的应全数检查,其中走廊(过道)应以 10 延长米为 1 间,工业厂房(按单跨计)、礼堂、门厅应以两个轴线为 1 间计算;有防水要求的建筑地面子分部工程的分项工程施工质量每检验批抽查数量应按其房间总数随机检验不应少于 4 间,不足 4 间的应全数检查。

(二)一般项目

1. 面层表面质量。

合格质量标准:实木复合地板面层图案和颜色应符合设计要求,图案应清晰,颜色应一致,板面应无翘曲。

检验方法：观察，用 2m 靠尺和楔形塞尺检查。

检查数量：随机检验不应少于 3 间；不足 3 间的应全数检查，其中走廊（过道）应以 10 延长米为 1 间，工业厂房（按单跨计）、礼堂、门厅应以两个轴线为 1 间计算；有防水要求的建筑地面子分部工程的分项工程施工质量每检验批抽查数量应按其房间总数随机检验不应少于 4 间，不足 4 间的应全数检查。

2. 面层缝隙。

合格质量标准：面层缝隙应严密；接头位置应错开，表面应平整、洁净。

检验方法：观察检查。

检查数量：随机检验不应少于 3 间；不足 3 间的应全数检查，其中走廊（过道）应以 10 延长米为 1 间，工业厂房（按单跨计）、礼堂、门厅应以两个轴线为 1 间计算；有防水要求的建筑地面子分部工程的分项工程施工质量每检验批抽查数量应按其房间总数随机检验不应少于 4 间，不足 4 间的应全数检查。

3. 粘、钉工艺。

合格质量标准：面层采用粘、钉工艺时，接缝应对齐，粘、钉应严密；缝隙宽度应均匀一致；表面应洁净，无溢胶现象。

检验方法：观察检查。

检查数量：随机检验不应少于 3 间；不足 3 间的应全数检查，其中走廊（过道）应以 10 延长米为 1 间，工业厂房（按单跨计）、礼堂、门厅应以两个轴线为 1 间计算；有防水要求的建筑地面子分部工程的分项工程施工质量每检验批抽查数量应按其房间总数随机检验不应少于 4 间，不足 4 间的应全数检查。

4. 踢脚线。

合格质量标准：踢脚线应表面光滑，接缝严密，高度一致。

检验方法：观察和用钢尺检查。

检查数量：随机检验不应少于 3 间；不足 3 间的应全数检查，其中走廊（过道）应以 10 延长米为 1 间，工业厂房（按单跨计）、礼堂、门厅应以两个轴线为 1 间计算；有防水要求的建筑地面子分部工程的分项工程施工质量每检验批抽查数量应按其房间总数随机检验不应少于 4 间，不足 4 间的应全数检查。

5. 允许偏差。

合格质量标准：实木复合地板面层的允许偏差应符合表 8.4 的规定。

检验方法：见表 8.4。

检查数量：随机检验不应少于 3 间；不足 3 间的应全数检查，其中走廊（过道）应以 10 延长米为 1 间，工业厂房（按单跨计）、礼堂、门厅应以两个轴线为 1 间计算；有防水要求的建筑地面子分部工程的分项工程施工质量每检验批抽查数量应按其房间总数随机检验不应少于 4 间，不足 4 间的应全数检查。

注：

1. 实木复合地板面层采用的材料、铺设方式、铺设方法、厚度以及垫层地板铺设等，均应符合以下的规定：

(1)应采用条材或块材或拼花，以空铺或实铺方式在基层上铺设。

(2)可采用双层面层和单层面层铺设，其厚度应符合设计要求；其选材应符合国家现行有关标准的规定。

(3)其木搁栅的截面尺寸、间距和稳固方法等均应符合设计要求。木搁栅固定时，不得损坏基层和预埋管线。木搁栅应垫实钉牢，与柱、墙之间留出 20mm 的缝隙，表面应平直，其间距不宜大于 300mm。

(4)面层下铺设垫层地板时，垫层地板的髓心应向上，板间缝隙不应大于 3mm，与柱、墙之间应留

8～12mm 的空隙，表面应刨平。

2. 实木复合地板面层应采用空铺法或粘贴法(满粘或点粘)铺设。采用粘贴法铺设时，粘贴材料应按设计要求选用，并应具有耐老化、防水、防菌、无毒等性能。

3. 实木复合地板面层下衬垫的材料和厚度应符合设计要求。

4. 实木复合地板面层铺设时，相邻板材接头位置应错开不小于 300mm 的距离；与柱、墙之间应留不小于 10mm 的空隙。当面层采用无龙骨的空铺法铺设时，应在面层与柱、墙之间的空隙内加设金属弹簧卡或木楔子，其间距宜为 200～300mm。

5. 大面积铺设实木复合地板面层时，应分段铺设，分段缝的处理应符合设计要求。

第二节　抹灰工程

一、一般规定

本章适用于一般抹灰、保温层薄抹灰、装饰抹灰和清水砌体勾缝等分项工程的质量验收。一般抹灰工程分为普通抹灰和高级抹灰，当设计无要求时，按普通抹灰验收。一般抹灰包括水泥砂浆、水泥混合砂浆、聚合物水泥砂浆和粉刷石膏等抹灰；保温层薄抹灰包括保温层外面聚合物砂浆薄抹灰；装饰抹灰包括水刷石、斩假石、干粘石和假面砖等装饰抹灰；清水砌体勾缝包括清水砌体砂浆勾缝和原浆勾缝。

1. 抹灰工程验收时应检查下列文件和记录：

(1)抹灰工程的施工图、设计说明及其他设计文件。

(2)材料的产品合格证书、性能检测报告、进场验收记录和复验报告。

(3)隐蔽工程验收记录。

(4)施工记录。

2. 抹灰工程应对下列材料及其性能指标进行复验：

(1)砂浆的拉伸黏结强度。

(2)聚合物砂浆的保水率。

3. 抹灰工程应对下列隐蔽工程项目进行验收：

(1)抹灰总厚度大于或等于 35mm 时的加强措施。

(2)不同材料基体交接处的加强措施。

4. 各分项工程的检验批应按下列规定划分：

(1)相同材料、工艺和施工条件的室外抹灰工程每 1000m^2 应划为一个检验批，不足 1000m^2 也应划为一个检验批。

(2)相同材料、工艺和施工条件的室内抹灰工程每 50 个自然间应划分为一个检验批，不足 50 间也应划分为一个检验批，大面积房间和走廊可按抹灰面积每 30m^2 为一间。

5. 检查数量应符合下列规定：

(1)室内每个检验批应至少抽查 10% 并不得少于 3 间，不足 3 间时应全数检查。

(2)室外每个检验批每 100m^2 应至少抽查一处，每处不得小于 10m^2。

6. 外墙抹灰工程施工前应先安装钢木门窗框、护栏等，应将墙上的施工孔洞堵塞密实，并对基层进行处理。

7.室内墙面、柱面和门洞口的阳角做法应符合设计要求。设计无要求时应采用不低于M20水泥砂浆做护角,其高度不应低于2m,每侧宽度不应小于50mm。

8.当要求抹灰层具有防水、防潮功能时,应采用防水砂浆。

9.各种砂浆抹灰层,在凝结前应防止快干、水冲、撞击、振动和受冻,在凝结后应采取措施防止玷污和损坏。水泥砂浆抹灰层应在湿润条件下养护。

10.外墙和顶棚的抹灰层与基层之间及各抹灰层之间应粘结牢固。

二、一般抹灰工程

(一)主控项目

1.一般抹灰所用材料的品种和性能应符合设计要求及国家现行标准的有关规定。

检验方法:检查产品合格证书、进场验收记录、性能检验报告和复验报告。

2.抹灰前基层表面的尘土、污垢和油渍等应清除干净,并应洒水润湿或进行界面处理。

检验方法:检查施工记录。

3.抹灰工程应分层进行。当抹灰总厚度大于或等于35mm时,应采取加强措施。不同材料基体交接处表面的抹灰,应采取防止开裂的加强措施,当采用加强网时,加强网与各基体的搭接宽度不应小于100mm。

检验方法:检查隐蔽工程验收记录和施工记录。

4.抹灰层与基层之间及各抹灰层之间应粘结牢固,抹灰层应无脱层空鼓。面层应无爆灰和裂缝。

检验方法:观察;用小锤轻击检查;检查施工记录。

(二)一般项目

1.一般抹灰工程的表面质量应符合下列规定:

(1)普通抹灰表面应光滑、洁净、接茬平整,分格缝应清晰。

(2)高级抹灰表面应光滑、洁净、颜色均匀、无抹纹,分格缝和灰线应清晰美观。

检验方法:观察;手摸检查。

2.护角、孔洞、槽、盒周围的抹灰表面应整齐,光滑;管道后面的抹灰表面应平整。

检验方法:观察。

3.抹灰层的总厚度应符合设计要求;水泥砂浆不得抹在石灰砂浆层上;罩面石膏灰不得抹在水泥砂浆层上。

检验方法:检查施工记录。

4.抹灰分格缝的设置应符合设计要求,宽度和深度应均匀,表面应光滑,棱角应整齐。

检验方法:观察;尺量检查。

5.有排水要求的部位应做滴水线(槽)。滴水线(槽)应整齐顺直,滴水线应内高外低,滴水槽的宽度和深度应满足设计要求,且均不应小于10mm。

检验方法:观察;尺量检查。

6.一般抹灰工程质量的允许偏差和检验方法应符合表8.5的规定。

表 8.5　一般抹灰的允许偏差和检验方法

项次	项目	允许偏差(mm)		检验方法
		普通抹灰	高级抹灰	
1	立面垂直度	4	3	用 2m 垂直检测尺检查
2	表面平整度	4	3	用 2m 靠尺和塞尺检查
3	阴阳角方正	4	3	用 200mm 直角检测尺检查
4	分格条(缝)直线度	4	3	拉 5m 线,不足 5m 拉通线,用钢直尺检查
5	墙裙、勒脚上口直线度	4	3	

注:1. 普通抹灰,本表第 3 项阴角方正可不检查;
2. 顶棚抹灰,本表第 2 项表面平整度可不检查,但应平顺。

三、保温层薄抹灰工程

(一)主控项目

1. 保温层薄抹灰所用材料的品种和性能应符合设计要求及国家现行标准的有关规定。

检验方法:检查产品合格证书、进场验收记录、性能检验报告和复验报告。

2. 基层质量应符合设计和施工方案的要求。基层表面的尘土、污垢和油渍等应清除干净。基层含水率应满足施工工艺的要求。

检验方法:检查施工记录

3. 保温层薄抹灰及其加强处理应符合设计要求和国家现行标准的有关规定。

检验方法:检查隐蔽工程验收记录和施工记录。

4. 抹灰层与基层之间及各抹灰层之间应粘结牢固,抹灰层应无脱层空鼓,面层应无爆灰和裂缝。

检验方法:观察;用小锤轻击检查;检查施工记录。

(二)一般项目

1. 保温层薄抹灰表面应光滑、洁净、颜色均匀、无抹纹,分格缝和灰线应清晰美观。

检验方法:观察;手摸检查。

2. 护角、孔洞、槽、盒周围的抹灰表面应整齐,光滑;管道后面的抹灰表面应平整。

检验方法:观察。

3. 保温层薄抹灰层的总厚度应符合设计要求。

检验方法:检查施工记录。

4. 保温层薄抹灰分格缝的设置应符合设计要求,宽度和深度应均匀,表面应光滑,棱角应整齐。

检验方法:观察;尺量检查。

5. 有排水要求的部位应做滴水线(槽)。滴水线(槽)应整齐顺直,滴水线应内高外低,滴水槽的宽度和深度均应满足设计要求,且均不应小于 10mm。

检验方法:观察;尺量检查。

6. 保温层薄抹灰工程质量的允许偏差和检验方法应符合表 8.6 的规定。

表 8.6 一般抹灰的允许偏差和检验方法

项次	项目	允许偏差(mm)	检验方法
1	立面垂直度	3	用 2m 靠尺和塞尺检查
2	表面平整度	3	用 2m 靠尺和塞尺检查
3	阴阳角方正	3	用 200mm 直角检测尺检查
4	分格条(缝)直线度	3	用 5m 线,不足 5m 拉通线,用钢直尺检查

四、装饰抹灰工程

(一)主控项目

1.装饰抹灰所用材料的品种和性能应符合设计要求及国家现行标准的有关规定。

检验方法:检查产品合格证书、进场验收记录、性能检验报告和复验报告。

2.抹灰前基层表面的尘土、污垢和油渍等应清除干净,并应洒水润湿或进行界面处理。

检验方法:检查施工记录。

3.抹灰工程应分层进行。当抹灰总厚度大于或等于 35mm 时,应采取加强措施。不同材料基体交接处表面的抹灰,应采取防止开裂的加强措施,当采用加强网时,加强网与各基体的搭接宽度不应小于 100mm。

检验方法:检查隐蔽工程验收记录和施工记录。

4.抹灰层与基层之间及各抹灰层之间应粘结牢固,抹灰层应无脱层、空鼓和裂缝。

检验方法:观察;用小锤轻击检查;检查施工记录。

(二)一般项目

1.装饰抹灰工程的表面质量应符合下列规定:

(1)水刷石表面应石粒清晰、分布均匀、紧密平整、色泽一致,应无掉粒和接茬痕迹。

(2)斩假石表面剁纹应均匀顺直、深浅一致,应无漏剁处;阳角处应横剁并留出宽窄一致的不剁边条,棱角应无损坏。

(3)干粘石表面应色泽一致、不露浆、不漏粘,石粒应黏结牢固、分布均匀,阳角处应无明显黑边。

(4)假面砖表面应平整、沟纹清晰、留缝整齐、色泽一致,应无掉角、脱皮和起砂等缺陷。

检验方法:观察;手摸检查。

2.装饰抹灰分格条(缝)的设置应符合设计要求,宽度和深度应均匀,表面应平整光滑,棱角应整齐。

检验方法:观察。

3.有排水要求的部位应做滴水线(槽)。滴水线(槽)应整齐顺直,滴水线应内高外低,滴水槽的宽度和深度均不应小于 10mm。

检验方法:观察;尺量检查。

4.装饰抹灰工程质量的允许偏差和检验方法应符合表 8.7 的规定。

表 8.7　装饰抹灰的允许偏差和检验方法

项次	项目	允许偏差(mm)				检验方法
		水刷石	斩假石	干粘石	假面砖	
1	立面垂直度	5	4	5	5	用 2m 靠尺和塞尺检查
2	表面平整度	3	3	5	4	用 2m 靠尺和塞尺检查
3	阴阳角方正	3	3	4	4	用 200mm 直角检测尺检查
4	分格条(缝)直线度	3	3	3	3	用 5m 线,不足 5m 拉通线,用钢直尺检查
5	墙裙、勒脚上口直线度	3	3	—	—	

五、清水砌体勾缝工程

(一)主控项目

1. 清水砌体勾缝所用砂浆的品种和性能应符合设计要求及国家现行标准的有关规定。

检验方法:检查产品合格证书、进场验收记录、性能检验报告和复验报告。

2. 清水砌体勾缝应无漏勾。勾缝材料应黏结牢固、无开裂。

检验方法:观察。

(二)一般项目

1. 清水砌体勾缝应横平竖直,交接处应平顺,宽度和深度应均匀,表面应压实抹平。

检验方法:观察;尺量检查。

2. 灰缝应颜色一致,砌体表面应洁净。

检验方法:观察。

第三节　外墙防水工程

一、一般规定

该规定适用于外墙砂浆防水、涂膜防水和透气膜防水等分项工程的质量验收。

1. 外墙防水工程验收时应检查下列文件和记录:

(1)外墙防水工程的施工图、设计说明及其他设计文件。

(2)材料的产品合格证书、性能检测报告、进场验收记录和复验报告。

(3)施工方案及安全技术措施文件。

(4)雨后或现场淋水检验记录。

(5)隐蔽工程验收记录。

(6)施工记录。

(7)施工单位的资质证书及操作人员的上岗证书。

2. 外墙防水工程应对下列材料及其性能指标进行复验：

(1)防水砂浆的黏结强度和抗渗性能。

(2)防水涂料的低温柔性和不透水性。

(3)防水透气膜的不透水性。

3. 外墙防水工程应对下列隐蔽工程项目进行验收：

(1)外墙不同结构材料交接处的增强处理措施等节点。

(2)防水层在变形缝、门窗洞口、穿外墙管道、预埋件及收头等部位的节点。

(3)防水层的搭接宽度及附加层。

4. 相同材料、工艺和施工条件的外墙防水工程每 $1000m^2$ 应划为一个检验批，不足 $1000m^2$ 也应划为一个检验批。

5. 每个检验批每 $100m^2$ 应至少抽查一处，每处不得小于 $10m^2$，节点构造应全数进行检查。

二、砂浆防水工程

(一)主控项目

1. 砂浆防水层所用砂浆品种和性能应符合设计要求及国家现行标准的有关规定。

检验方法：检查产品合格证书、进场验收记录、性能检验报告和复验报告。

2. 砂浆防水层在变形缝、门窗洞口、穿外墙管道和预埋件等部位的做法应符合设计要求。

检验方法：观察；检查隐蔽工程验收记录。

3. 砂浆防水层不得有渗漏现象。

检验方法：检查雨后或现场淋水检验记录。

4. 砂浆防水层与基层之间及防水层各层之间应黏结牢固，不得有空鼓。

检验方法：观察；用小锤轻击检查。

(二)一般项目

1. 砂浆防水层表面应密实、平整，不得有裂纹、起砂和麻面等缺陷。

检验方法：观察。

2. 砂浆防水层施工缝位置及施工方法应符合设计及施工方案要求。

检验方法：观察。

3. 砂浆防水层厚度应符合设计要求。

检验方法：尺量检查；检查施工记录。

三、涂膜防水工程

(一)主控项目

1. 涂膜防水层所用防水涂料及配套材料的品种和性能应符合设计要求及国家现行标准的有关规定。

检验方法：检查产品合格证书、进场验收记录、性能检验报告和复验报告。

2. 涂膜防水层在变形缝、门窗洞口、穿外墙管道和预埋件等部位的做法应符合设计要求。

检验方法：观察；检查隐蔽工程验收记录。

3.涂膜防水层不得有渗漏现象。
检验方法:检查雨后或现场淋水检验记录。
4.涂膜防水层与基层之间应黏结牢固。
检验方法:观察。

(二)一般项目

1.涂膜防水层表面应平整,涂刷应均匀,不得有留坠、露底、气泡、皱折和翘边等缺陷。
检验方法:观察。
2.涂膜防水层厚度应符合设计要求。
检验方法:针测法或割取 20mmX20mm 实样,用卡尺测量。

四、透气膜防水工程

(一)主控项目

1.透气膜防水层所用透气膜及配套材料的品种和性能应符合设计要求及国家现行标准的有关规定。
检验方法:检查产品合格证书、进场验收记录、性能检验报告和复验报告。
2. 透气膜防水层在变形缝、门窗洞口、穿外墙管道和预埋件等部位的做法应符合设计要求。
检验方法:观察;检查隐蔽工程验收记录。
3.透气膜防水层不得有渗漏现象。
检验方法:检查雨后或现场淋水检验记录。
4.防水透气膜应与基层黏结固定牢固。
检验方法:观察。

(二)一般项目

1.透气膜防水层表面应平整,不得有皱折、伤痕、破裂等缺陷。
检验方法:观察。
2.防水透气膜的铺贴方向应正确,纵向搭接缝应错开,搭接宽度应符合设计要求。
检验方法:观察;尺量检查。
3.防水透气膜的搭接缝应黏结牢固、密封严密;收头应与基层黏结牢固,缝口应严密,不得有翘边现象。
检验方法:观察;尺量检查。

第四节　门窗工程

一、一般规定

本章适用于木门窗、金属门窗、塑料门窗和特种门安装,以及门窗玻璃安装等分项工程的质量验收。金属门窗包括钢门窗、铝合金门窗和涂色镀锌钢板门窗等；特种门包括自动门、全玻门和旋转门等；门窗玻璃包括平板、吸热、反射、中空、夹层、夹丝、磨砂、钢化、防火和压花玻璃等。

1.门窗工程验收时应检查下列文件和记录：

(1)门窗工程的施工图、设计说明及其他设计文件。

(2)材料的产品合格证书、性能检测报告、进场验收记录和复验报告。

(3)特种门及其附件的生产许可文件。

(4)隐蔽工程验收记录。

(5)施工记录。

2.门窗工程应对下列材料及其性能指标进行复验：

(1)人造木板门的甲醛释放量。

(2)建筑外窗的气密性能、水密性能和抗风压性能。

3.门窗工程应对下列隐蔽工程项目进行验收：

(1)预埋件和锚固件。

(2)隐蔽部位的防腐和填嵌处理。

(3)高层金属窗防雷连接节点。

4.各分项工程的检验批应按下列规定划分：

(1)同一品种、类型和规格的木门窗、金属门窗、塑料门窗和门窗玻璃每100樘应划分为一个检验批，不足100樘也应划分为一个检验批。

(2)同一品种、类型和规格的特种门每50樘应划分为一个检验批，不足50樘也应划分为一个检验批。

5.检查数量应符合下列规定：

(1)木门窗、金属门窗、塑料门窗和门窗玻璃每个检验批应至少抽查5%，并不得少于3樘，不足3樘时应全数检查；高层建筑的外窗每个检验批应至少抽查10%，并不得少于6樘，不足6樘时应全数检查。

(2)特种门每个检验批应至少抽查50%，并不得少于10樘，不足10樘时应全数检查。

6.门窗安装前应对门窗洞口尺寸及相邻洞口的位置偏差进行检验。同一类型和规格外门窗洞口垂直、水平方向的位置应对齐，位置允许偏差应符合下列规定：

(1)垂直方向的相邻洞口位置允许偏差应为10mm；全楼高度小于30m的垂直方向洞口位置允许偏差应为15mm，全楼高度不小于30m的垂直方向洞口位置允许偏差应为20mm。

(2)水平方向的相邻洞口位置允许偏差应为10mm；全楼长度小于30m的垂直方向洞口位置允许偏差应为15mm，全楼长度不小于30m的垂直方向洞口位置允许偏差应为20mm。

7.金属门窗和塑料门窗安装应采用预留洞口的方法施工。

8.木门窗与砖石砌体、混凝土或抹灰面接触处应进行防腐处理，埋入砌体或混凝土中的木砖应进行防腐处理。

9.当金属窗或塑料窗为组合窗时，其拼樘料的尺寸、规格、壁厚应符合设计要求。

10.建筑外门窗安装必须牢固。在砌体上安装门窗严禁采用射钉固定。

11.推拉门窗扇必须牢固，必须安装防脱落装置。

12.特种门安装除应符合设计要求外，还应符合国家现行标准的有关规定。

13.门窗安全玻璃的使用应符合现行行业标准《建筑玻璃应用技术规程》JGJ113的规定。

14.建筑外窗口的防水和排水构造应符合设计要求和国家现行标准的有关规定。

二、木门窗安装工程

(一)主控项目

1. 木门窗的品种、类型、规格、开启方向、安装位置、连接方式及性能应符合设计要求及国家现行标准的有关规定。

检验方法：观察；尺量检查；检查产品合格证书、性能检验报告、进场验收记录和复验报告；检查隐蔽工程验收记录。

2. 木门窗应采用烘干的木材，含水率及饰面质量应符合国家现行标准的有关规定。

检验方法：检查材料进场验收记录、复验报告及性能检验报告。

3. 木门窗的防火、防腐、防虫处理应符合设计要求。

检验方法：观察；检查材料进场验收记录。

4. 木门窗框的安装应牢固。预埋木砖的防腐处理、木门窗框固定点的数量、位置和固定方法应符合设计要求。

检验方法：观察；手扳检查；检查隐蔽工程验收记录和施工记录。

5. 木门窗扇应安装牢固，开关灵活，关闭严密，无倒翘。

检验方法：观察；开启和关闭检查；手扳检查。

6. 木门窗配件的型号、规格、数量应符合设计要求，安装应牢固，位置应正确，功能应满足使用要求。

检验方法：观察；开启和关闭检查；手扳检查。

(二)一般项目

1. 木门窗表面应洁净，不得有刨痕和锤印。

检验方法：观察。

2. 木门窗的割角和拼缝应严密平整。门窗框、扇裁口应顺直，刨面应平整。

检验方法：观察。

3. 木门窗上的槽和孔应边缘整齐，无毛刺。

检验方法：观察。

4. 木门窗与墙体间缝隙应填嵌饱满。严寒和寒冷地区外门窗(或门窗框)与砌体间的空隙应填充保温材料。

检验方法：轻敲门窗框检查；检查隐蔽工程验收记录和施工记录。

5. 木门窗批水、盖口条、压缝条和密封条安装应顺直，与门窗结合应牢固、严密。

检验方法：观察；手扳检查。

6. 平开木门窗安装的留缝限值、允许偏差和检验方法应符合表 8.8 的规定。

表 8.8　平开木门窗安装的留缝限值、允许偏差和检验方法

项次	项目	留缝限值(mm)	允许偏差(mm)	检验方法
1	门窗框的正、侧面垂直度	—	2	用 1m 垂直检测尺检查
2	框与扇接缝高低差	—	1	用塞尺检查
	扇与扇接缝高低差		1	

续 表

<table>
<tr><th>项次</th><th colspan="2">项目</th><th>留缝限值(mm)</th><th>允许偏差(mm)</th><th>检验方法</th></tr>
<tr><td>3</td><td colspan="2">门窗扇对口缝</td><td>1—4</td><td>—</td><td rowspan="7">用塞尺检查</td></tr>
<tr><td>4</td><td colspan="2">工业厂房、围墙双扇大门对口缝</td><td>2—7</td><td>—</td></tr>
<tr><td>5</td><td colspan="2">门窗扇与上框间留缝</td><td>1—3</td><td>—</td></tr>
<tr><td>6</td><td colspan="2">门窗扇与合页侧框间留缝</td><td>1—3</td><td>—</td></tr>
<tr><td>7</td><td colspan="2">室外门扇与锁侧框间留缝</td><td>1—3</td><td>—</td></tr>
<tr><td>8</td><td colspan="2">门扇与下框间留缝</td><td>3—5</td><td>—</td></tr>
<tr><td>9</td><td colspan="2">窗扇与下框间留缝</td><td>1—3</td><td>—</td></tr>
<tr><td>10</td><td colspan="2">双层门窗内外框间距</td><td>—</td><td>4</td><td>用钢直尺检查</td></tr>
<tr><td rowspan="5">11</td><td rowspan="5">无下框时门扇与地面间留缝</td><td>室外门</td><td>4—7</td><td>—</td><td rowspan="5">用钢直尺或塞尺检查</td></tr>
<tr><td>室内门</td><td rowspan="2">4—8</td><td rowspan="2">—</td></tr>
<tr><td>卫生间门</td></tr>
<tr><td>厂房大门</td><td rowspan="2">10—20</td><td rowspan="2">—</td></tr>
<tr><td>围墙大门</td></tr>
<tr><td rowspan="2">12</td><td rowspan="2">框与扇搭接宽度</td><td>门</td><td>—</td><td>2</td><td rowspan="2">用钢直尺检查</td></tr>
<tr><td>窗</td><td>—</td><td>1</td></tr>
</table>

三、金属门窗安装工程

(一)主控项目

1.金属门窗的品种、类型、规格、尺寸、性能、开启方向、安装位置、连接方式及门窗的型材壁厚应符合设计要求及国家现行标准的有关规定。金属门窗的防雷、防腐处理及填嵌、密封处理应符合设计要求。

检验方法:观察;尺量检查;检查产品合格证书、性能检测报告、进场验收记录和复验报告;检查隐蔽工程验收记录。

2.金属门窗框和附框的安装应牢固。预埋件及锚固件的数量、位置、埋设方式、与框的连接方式应符合设计要求。

检验方法:手扳检查;检查隐蔽工程验收记录。

3.金属门窗扇应安装牢固,开关灵活、关闭严密,无倒翘。推拉门窗扇应安装防止扇脱落的装置。

检验方法:观察;开启和关闭检查;手扳检查。

4.金属门窗配件的型号、规格、数量应符合设计要求,安装应牢固,位置应正确,功能应满足使用要求。

检验方法:观察;开启和关闭检查;手扳检查。

(二)一般项目

1.金属门窗表面应洁净、平整、光滑、色泽一致,应无锈蚀、擦伤、划痕和碰伤。漆膜或保护层应连续。型材的表面处理应符合设计要求及国家现行标准的有关规定。

检验方法：观察。

2. 金属门窗推拉门窗扇开关力不应大于 50N。

检验方法：用测力计检查。

3. 金属门窗框与墙体之间的缝隙应填嵌饱满，并应采用密封胶密封。密封胶表面应光滑、顺直，无裂纹。

检验方法：观察；轻敲门窗框检查；检查隐蔽工程验收记录。

4. 金属门窗扇的密封胶条或密封毛条装配应平整、完好，不得脱槽，交角处应平顺。

检验方法：观察；开启和关闭检查。

5. 排水孔应畅通，位置和数量应符合设计要求。

检验方法：观察。

6. 钢门窗安装的留缝限制、允许偏差和检验方法应符合表 8.9 的规定。

表 8.9　钢门窗安装的留缝限值、允许偏差和检验方法

项次	项目		留缝限值(mm)	允许偏差(mm)	检验方法
1	门窗槽口宽度、高度	≤1500mm	—	2	用钢卷尺检查
		>1500mm	—	3	
2	门窗槽口对角线长度差	≤2000mm	—	3	用钢卷尺检查
		>2000mm	—	4	
3	门窗框的正、侧面垂直度		—	3	用 1m 垂直检测尺检查
4	门窗横框的水平度		—	3	用 1m 水平尺和塞尺检查
5	门窗横框标高		—	5	用钢卷尺检查
6	门窗竖向偏离中心		—	4	用钢卷尺检查
7	双层门窗内外框间距		—	5	用钢卷尺检查
8	门窗框、扇配合间隙		≤2	—	用塞尺检查
9	平开门窗框扇搭接宽度	门	≥6	—	用钢直尺检查
		窗	≥4	—	用钢直尺检查
	推拉门窗框扇搭接宽度		≥6	—	用钢直尺检查
10	无下框时门扇与地面间留缝		4—8	—	用塞尺检查

7. 铝合金门窗安装的允许偏差和检验方法应符合表 8.10 的规定。

表 8.10　铝合金门窗安装的允许偏差和检验方法

项次	项目		允许偏差(mm)	检验方法
1	门窗槽口宽度、高度	≤2000mm	2	用钢卷尺检查
		>2000mm	3	
2	门窗槽口对角线长度差	≤2500mm	4	用钢卷尺检查
		>2500mm	5	
3	门窗框的正、侧面垂直度		2	用 1m 垂直检测尺检查
4	门窗横框的水平度		2	用 1m 水平尺和塞尺检查
5	门窗横框标高		5	用钢卷尺检查

续　表

项次	项目		允许偏差(mm)	检验方法
6	门窗竖向偏离中心	5	用钢卷尺检查	
7	双层门窗内外框间距	4	用钢卷尺检查	
8	推拉门窗扇与框搭接量	门	2	用钢直尺检查
		窗	1	

8. 涂色镀锌钢板门窗安装的允许偏差和检验方法应符合表 8.11 的规定。

表 8.11　涂色镀锌钢板门窗安装的允许偏差和检验方法

项次	项目		允许偏差(mm)	检验方法
1	门窗槽口宽度、高度	≤1500mm	2	用钢卷尺检查
		>1500mm	3	
2	门窗槽口对角线长度差	≤2000mm	4	用钢卷尺检查
		>2000mm	5	
3	门窗框的正、侧面垂直度		3	用 1m 垂直检测尺检查
4	门窗横框的水平度		3	用 1m 水平尺和塞尺检查
5	门窗横框标高		5	用钢卷尺检查
6	门窗竖向偏离中心		5	用钢卷尺检查
7	双层门窗内外框间距		4	用钢卷尺检查
8	推拉门窗扇与框搭接量		2	用钢直尺检查

四、塑料门窗安装分项工程

(一)主控项目

1. 塑料门窗的品种、类型、规格、尺寸、性能、开启方向、安装位置、连接方式和填嵌密封处理应符合设计要求及国家现行标准的有关规定，内衬增强型钢的壁厚及设置应符合现行国家标准《建筑用塑料门》GB/T28886 和《建筑用塑料窗》GB/T28887 的规定。

检验方法：观察；尺量检查；检查产品合格证书、性能检测报告、进场验收记录和复验报告；检查隐蔽工程验收记录。

2. 塑料门窗框、附框和扇的安装应牢固。固定片或膨胀螺栓的数量与位置应正确，连接方式应符合设计要求。固定点应距窗角、中横框、中竖框 150～200mm，固定点间距不应大于 600mm。

检验方法：观察；手扳检查；尺量检查；检查隐蔽工程验收记录。

3. 塑料组合门窗使用的拼樘料截面尺寸及内衬增加型钢的形状和壁厚应符合设计要求。承受风荷载的拼樘料应采用与其内腔紧密吻合的增强型钢作为内衬，其两端必须与洞口固定牢固。窗框应与拼樘料连接紧密，固定点间距应不大于 600mm。

检验方法：观察；手扳检查；尺量检查；吸铁石检查；检查进场验收记录。

4. 窗框与洞口之间的伸缩缝内应采用聚氨酯发泡胶填充，发泡胶填充应均匀、密实。发泡胶成型后不宜切割。表面应采用密封胶密封。密封胶应黏结牢固，表面应光滑、顺直、无裂缝。

检验方法：观察；检查隐蔽工程验收记录。

5. 滑撑铰链的安装应牢固，紧固螺钉应使用不锈钢材质。螺钉与框扇连接处应进行防水密封处理。

检验方法：观察；手扳检查；检查隐蔽工程验收记录。

6. 推拉门窗扇应安装防止扇脱落的装置。

检验方法：观察。

7. 门窗扇关闭应严密，开关应灵活。

检验方法：观察；尺量检查；开启和关闭检查。

8. 塑料门窗配件的型号、规格、数量应符合设计要求，安装应牢固，位置应正确，使用应灵活，功能应满足各自使用要求。平开窗扇高度大于 900mm 时，窗扇锁闭点不应少于 2 个。

检验方法：观察；手扳检查；尺量检查。

（二）一般项目

1. 安装后的门窗关闭时，密封面上的密封条应处于压缩状态，密封层数应符合设计要求。密封条应连续完整，装配后应均匀、牢固，应无脱槽、收缩和虚压等现象；密封条接口应严密，且应位于窗的上方。

检验方法：观察。

2. 塑料门窗扇开关力应符合下列规定：

（1）平开门窗扇平铰链的开关力不应大于 80N；滑撑铰链的开关力不应大于 80N，并不应小于 30N。

（2）推拉门窗扇的开关力不应大于 100N。

检验方法：观察；用测力计检查。

3. 门窗表面应洁净、平整、光滑，颜色应均匀一致。可视面应无划痕、碰伤等缺陷，门窗不得有焊角开裂和型材断裂等现象。

检验方法：观察。

4. 旋转窗间隙应均匀。

检验方法：观察。

5. 排水孔应畅通，位置和数量应符合设计要求。

检验方法：观察。

6. 塑料门窗安装的允许偏差和检验方法应符合表 8.12 的规定。

表 8.12　塑料门窗安装的允许偏差和检验方法

项次	项目		允许偏差(mm)	检验方法
1	门、窗框外形（高、宽）尺寸长度差	≤1500mm	2	用钢卷尺检查
		＞1500mm	3	
2	门、窗框两对角线长度差	≤2000mm	3	用钢卷尺检查
		＞2000mm	5	
3	门、窗框（含拼樘料）的正、侧面垂直度		3	用 1m 垂直检测尺检查
4	门、窗框（含拼樘料）的水平度		3	用 1m 水平尺和塞尺检查

续 表

项次	项目		允许偏差(mm)	检验方法
5	门、窗下横框标高		5	用钢卷尺检查,与基准线比较
6	门、窗竖向偏离中心		5	用钢卷尺检查
7	双层门、窗内外框间距		4	用钢卷尺检查
8	平开门窗及上悬、下悬、中悬窗	门、窗扇与框搭接宽度	2	用深度尺或钢直尺检查
		同樘门、窗相邻扇高度差	2	用靠尺或钢直尺检查
		门、窗框扇四周的配合间隙	1	用楔形塞尺检查
9	推拉门窗	门、窗扇与框搭接宽度	2	用深度尺或钢直尺检查
		门、窗扇与框或相邻扇立边平行度	2	用钢直尺检查
10	组合门窗	平整度	3	用 2m 靠尺和钢直尺检查
		缝直线度	3	用 2m 靠尺和钢直尺检查

五、特种门安装工程

(一)主控项目

1.特种门的质量和性能应符合设计要求。

检验方法:检查生产许可证、产品合格证书和性能检测报告。

2.特种门的品种、类型、规格、尺寸、开启方向、安装位置和防腐处理应符合设计要求及国家现行标准的有关规定。

检验方法:观察;尺量检查;检查进场验收记录和隐蔽工程验收记录。

3.带有机械装置、自动装置或智能化装置的特种门,其机械装置、自动装置或智能化装置的功能应符合设计要求。

检验方法:启动机械装置、自动装置或智能化装置,观察。

4.特种门的安装应牢固。预埋件及锚固件的数量、位置、埋设方式、与框的连接方式应符合设计要求。

检验方法:观察;手扳检查;检查隐蔽工程验收记录。

5.特种门的配件应齐全,位置应正确,安装应牢固,功能应满足使用要求和特种门的性能要求。

检验方法:观察;手扳检查;检查产品合格证书、性能检测报告和进场验收记录。

(二)一般项目

1.特种门的表面装饰应符合设计要求。

检验方法:观察。

2.特种门的表面应洁净、无划痕和碰伤。

检验方法:观察。

3.推拉自动门的感应时间限值和检验方法应符合表 8.13 的规定。

表 8.13　推拉自动门的感应时间限制和检验方法

项次	项目	感应时间限值(s)	检验方法
1	开门响应时间	≤0.5	用秒表检查
2	堵门保护延时	16－20	用秒表检查
3	门扇全开启后保持时间	13－17	用秒表检查

4. 人行自动门活动扇在启闭过程中对所要求保护的部位应留有安全间隙。安全间隙应小于 8mm 或大于 25mm。

检验方法:用钢直尺检查。

5. 自动门安装的允许偏差和检验方法应符合表 8.14 的规定。

表 8.14　自动门的允许偏差和检验方法

项次	项目	允许偏差(mm)				检验方法
		推拉自动门	平开自动门	折叠自动门	旋转自动门	
1	上框、平梁水平度	1	1	1	—	用 1m 水平尺和塞尺检查
2	上框、平梁直线度	2	2	2	—	用钢直尺和塞尺检查
3	立框垂直度	1	1	1	1	用 1m 垂直检测尺检查
4	导轨和平梁平行度	2	—	2	2	用钢直尺检查
5	门框固定扇内侧对角线尺寸	2	2	2	2	用钢卷尺检查
6	活动扇与框、横梁、固定扇间隙差	1	1	1	1	用钢直尺检查
7	板材对接接缝平整度	0.3	0.3	0.3	0.3	用 2m 靠尺和塞尺检查

6. 自动门切断电源,应能手动开启,开启力和检验方法应符合表 8.15 的规定

表 8.15　自动门手动开启力和检验方法

项次	门的启闭方式	手动开启力(N)	检验方法
1	推拉自动门	≤100	用测力计检查
2	平开自动门	≤100(门扇边梃着力点)	
3	折叠自动门	≤100(垂直于门扇折叠处铰链推拉)	
4	旋转自动门	150－300(门扇边梃着力点)	

注:1. 推拉自动门和平开自动门为双扇时,手动开启力仅为单扇的测值。
2. 平开自动门在没有风力情况下测定。
3. 折叠推拉着力点在门扇前、侧结合部的门扇边缘。

六、门窗玻璃安装工程

(一)主控项目

1. 玻璃的层数、品种、规格、尺寸、色彩、图案和涂膜朝向应符合设计要求。

检验方法:观察;检查产品合格证书、性能检测报告和进场验收记录。

2.门窗玻璃裁割尺寸应正确。安装后的玻璃应牢固,不得有裂纹、损伤和松动。

检验方法:观察;轻敲检查。

3.玻璃的安装方法应符合设计要求。固定玻璃的钉子或钢丝卡的数量、规格应保证玻璃安装牢固。

检验方法:观察;检查施工记录。

4.镶钉木压条接触玻璃处应与裁口边缘平齐。木压条应互相紧密连接,并应与裁口边缘紧贴,割角应整齐。

检验方法:观察。

5.密封条与玻璃、玻璃槽口的接触应紧密、平整。密封胶与玻璃、玻璃槽口的边缘应黏结牢固、接缝平齐。

检验方法:观察。

6.带密封条的玻璃压条,其密封条应与玻璃贴紧,压条与型材之间应无明显缝隙。

检验方法:观察;尺量检查。

(二)一般项目

1.玻璃表面应洁净,不得有腻子、密封胶和涂料等污渍。中空玻璃内外表面均应洁净,玻璃中空层内不得有灰尘和水蒸气。门窗玻璃不应直接接触型材。

检验方法:观察。

2.腻子及密封胶应填抹饱满、黏结牢固;腻子及密封胶边缘与裁口应平齐。固定玻璃的卡子不应在腻子表面显露。

检验方法:观察。

3.密封条不得卷边、脱槽,密封条接缝应黏结。

检验方法:观察。

第五节　吊顶工程

一、一般规定

适用于整体面层吊顶、板块面层吊顶和格栅吊顶等分项工程的质量验收。整体面层吊顶包括以轻钢龙骨、铝合金龙骨和木龙骨等为骨架,以石膏板、水泥纤维板和木板等为整体面层的吊顶;板块面层吊顶包括以轻钢龙骨、铝合金龙骨和木龙骨等为骨架,以石膏板、金属板、矿棉板、木板、塑料板、玻璃板和复合板等为板块面层的吊顶;格栅吊顶包括以轻钢龙骨、铝合金龙骨和木龙骨等为骨架,以金属、木材、塑料和复合材料等为格栅面层的吊顶。

1.吊顶工程验收时应检查下列文件和记录:

(1)吊顶工程的施工图、设计说明及其他设计文件。

(2)材料的产品合格证书、性能检测报告、进场验收记录和复验报告。

(3)隐蔽工程验收记录。

(4)施工记录。

2.吊顶工程应对人造木板的甲醛释放量进行复验。

3.吊顶工程应对下列隐蔽工程项目进行验收：

(1)吊顶内管道、设备的安装及水管试压、风管严密性检验。

(2)木龙骨防火、防腐处理。

(3)埋件。

(4)吊杆安装。

(5)龙骨安装。

(6)填充材料的设置。

(7)反支撑及钢结构转换层。

4.同一品种的吊顶工程每50间应划分为一个检验批，不足50间也应划分为一个检验批，大面积房间和走廊可按吊顶面积30m^2为1间。

5.每个检验批应至少抽查10%，并不得少于3间；不足3间时应全数检查。

6.安装龙骨前，应按设计要求对房间净高、洞口标高和吊顶内管道、设备及其支架的标高进行交接检验。

7.吊顶工程的木龙骨和木饰面板应进行防火处理，并应符合有关设计防火标准的规定。

8.吊顶工程中的埋件、钢筋吊杆和型钢吊杆应进行防腐处理。

9.安装面板前应完成吊顶内管道和设备的调试及验收。

10.吊杆距主龙骨端部距离不得大于300mm。当吊杆长度大于1500mm时，应设置反支撑。当吊杆与设备相遇时，应调整并增设吊杆或采用型钢支架。

11.重型设备和有振动荷载的设备严禁安装在吊顶工程的龙骨上。

12.吊顶埋件与吊杆的连接、吊杆与龙骨的连接、龙骨与面板的连接应安全可靠。

13.吊杆上部为网架、钢屋架或吊杆长度大于2500mm时，应设有钢结构转换层。

14.大面积或狭长形吊顶面层的伸缩缝及分格缝应符合设计要求。

二、整体面层吊顶工程

(一)主控项目

1.吊顶标高、尺寸、起拱和造型应符合设计要求。

检验方法：观察；尺量检查。

2.面层材料的材质、品种、规格、图案、颜色和性能应符合设计要求及国家现行标准的有关规定。

检验方法：观察；检查产品合格证书、性能检测报告、进场验收记录和复验报告。

3.整体面层吊顶工程的吊杆、龙骨和面板的安装必须牢固。

检验方法：观察；手扳检查；检查隐蔽工程验收记录和施工记录。

4.吊杆和龙骨的材质、规格、安装间距及连接方式应符合设计要求。金属吊杆和龙骨应经过表面防腐处理；木龙骨应进行防腐、防火处理。

检验方法：观察；尺量检查；检查产品合格证书、性能检验报告、进场验收记录和隐蔽工程验收记录。

5.石膏板、水泥纤维板的接缝应按其施工工艺标准进行板缝防裂处理。安装双层板时，面层板与基层板的接缝应错开，并不得在同一根龙骨上接缝。

检验方法：观察。

(二)一般项目

1. 面层材料表面应洁净、色泽一致,不得有翘曲、裂缝及缺损。压条应平直、宽窄一致。

检验方法:观察;尺量检查。

2. 面板上的灯具、烟感器、喷淋头、风口篦子和检修口等设备设施的位置应合理、美观,与面板的交接应吻合、严密。

检验方法:观察。

3. 金属龙骨的接缝应均匀一致,角缝应吻合,表面应平整,应无翘曲和锤印。木质龙骨应顺直,应无劈裂和变形。

检验方法:检查隐蔽工程验收记录和施工记录。

4. 吊顶内填充吸声材料的品种和铺设厚度应符合设计要求,并应有防散落措施。

检验方法:检查隐蔽工程验收记录和施工记录。

5. 整体面层吊顶工程安装的允许偏差和检验方法符合表 8.16 的规定。

表 8.16　整体面层吊顶工程安装的允许偏差和检验方法

项次	项目	允许偏差(mm)	检验方法
1	表面平整度	3	用 2m 靠尺和塞尺检查
2	缝格、凹槽直线度	3	拉 5m 线,不足 5m 拉通线,用钢直尺检查

三、板块面层吊顶工程

(一)主控项目

1. 吊顶标高、尺寸、起拱和造型应符合设计要求。

检验方法:观察;尺量检查。

2. 面层材料的材质、品种、规格、图案、颜色和性能应符合设计要求及国家现行标准的有关规定。当面层材料为玻璃板时,应使用安全玻璃或采取可靠的安全措施。

检验方法:观察;检查产品合格证书、性能检测报告、进场验收记录和复验报告。

3. 面板的安装应稳固严密。面板与龙骨的搭接宽度应大于龙骨受力面宽度的 2/3。

检验方法:观察;手扳检查;尺量检查。

4. 吊杆和龙骨的材质、规格、安装间距及连接方式应符合设计要求。金属吊杆和龙骨应进行表面防腐处理;木龙骨应进行防腐、防火处理。

检验方法:观察;尺量检查;检查产品合格证书、性能检验报告、进场验收记录和隐蔽工程验收记录。

5. 板块面层吊顶工程的吊杆和龙骨安装应牢固。

检验方法:手扳检查;检查隐蔽工程验收记录和施工记录。

(二)一般项目

1. 面层材料表面应洁净、色泽一致,不得有翘曲、裂缝及缺损。面板与龙骨的搭接应平整、吻合,压条应平直、宽窄一致。

检验方法:观察;尺量检查。

2. 面板上的灯具、烟感器、喷淋头、风口篦子和检修口等设备设施的位置应合理、美观，与面板的交接应吻合、严密。

检验方法：观察。

3. 金属龙骨的接缝应平整、吻合、颜色一致，不得有划伤和擦伤等表面缺陷。木质龙骨应平整、顺直，应无劈裂。

检验方法：检查隐蔽工程验收记录和施工记录。

4. 吊顶内填充吸声材料的品种和铺设厚度应符合设计要求，并应有防散落措施。

检验方法：检查隐蔽工程验收记录和施工记录。

5. 板块面层吊顶工程安装的允许偏差和检验方法符合表 8.17 的规定。

表 8.17 板块面层吊顶工程安装的允许偏差和检验方法

项次	项目	允许偏差(mm)				检验方法
		石膏板	金属板	矿棉板	木板、塑料板、玻璃板、复合板	
1	表面平整度	3	2	3	2	用 2m 靠尺和塞尺检查
2	接缝直线度	3	2	3	3	拉 5m 线，不足 5m 拉通线，用钢直尺检查
3	接缝高低差	1	1	2	1	用钢直尺和塞尺检查

四、格栅吊顶工程

(一)主控项目

1. 吊顶标高、尺寸、起拱和造型应符合设计要求。

检验方法：观察；尺量检查。

2. 格栅的材质、品种、规格、图案、颜色和性能应符合设计要求及国家现行标准的有关规定。

检验方法：观察；检查产品合格证书、性能检测报告、进场验收记录和复验报告。

3. 吊杆和龙骨的材质、规格、安装间距及连接方式应符合设计要求。金属吊杆和龙骨应进行表面防腐处理；木龙骨应进行防腐、防火处理。

检验方法：观察；尺量检查；检查产品合格证书、性能检验报告、进场验收记录和隐蔽工程验收记录。

4. 格栅吊顶工程的吊杆和龙骨和格栅的安装应牢固。

检验方法：观察；手扳检查；检查隐蔽工程验收记录和施工记录。

(二)一般项目

1. 格栅表面应洁净、色泽一致，不得有翘曲、裂缝及缺损。栅条角度应一致，边缘应整齐，接口应无错位。压条应平直、宽窄一致。

检验方法：观察；尺量检查。

2. 吊顶的灯具、烟感器、喷淋头、风口篦子和检修口等设备设施的位置应合理、美观，与格栅的套割交接应吻合、严密。

检验方法：观察。

3. 金属龙骨的接缝应平整、吻合、颜色一致，不得有划伤和擦伤等表面缺陷。木质龙骨应平整、顺直，应无劈裂。

检验方法：检查隐蔽工程验收记录和施工记录。

4. 吊顶内填充吸声材料的品种和铺设厚度应符合设计要求，并应有防散落措施。

检验方法：检查隐蔽工程验收记录和施工记录。

5. 格栅吊顶内楼板、管线设备等表面处理应符合设计要求，吊顶内各种设备管线布置应合理、美观。

检验方法：观察。

6. 格栅吊顶工程安装的允许偏差和检验方法符合表 8.18 的规定。

表 8.18 格栅吊顶工程安装的允许偏差和检验方法

项次	项目	允许偏差(mm)		检验方法
		金属格栅	木格栅、塑料格栅、复合材料格栅	
1	表面平整度	2	3	用 2m 靠尺和塞尺检查
2	格栅直线度	2	3	拉 5m 线，不足 5m 拉通线，用钢直尺检查

第六节 轻质隔墙工程

一、一般规定

适用于板材隔墙、骨架隔墙、活动隔墙和玻璃隔墙等分项工程的质量验收。板材隔墙包括复合轻质墙板、石膏空心板、增强水泥板和混凝土轻质板等隔墙；骨架隔墙包括以轻钢龙骨、木龙骨等为骨架，以纸面石膏板、人造木板、水泥纤维板等为墙面板的隔墙；玻璃隔墙包括玻璃板、玻璃砖隔墙。

1. 轻质隔墙工程验收时应检查下列文件和记录：

(1)轻质隔墙工程的施工图、设计说明及其他设计文件。

(2)材料的产品合格证书、性能检测报告、进场验收记录和复验报告。

(3)隐蔽工程验收记录。

(4)施工记录。

2. 轻质隔墙工程应对人造木板的甲醛释放量进行复验。

3. 轻质隔墙工程应对下列隐蔽工程项目进行验收：

(1)骨架隔墙中设备管线的安装及水管试压。

(2)木龙骨防火和防腐处理。

(3)预埋件或拉结筋。

(4)龙骨安装。

(5)填充材料的设置。

4. 同一品种的轻质隔墙工程每 50 间应划分为一个检验批，不足 50 间也应划分为一个检验批，大面积房间和走廊按轻质隔墙的墙面 $30m^2$ 计为 1 间。

5. 板材隔墙和骨架隔墙每个检验批应至少抽查 10%，并不得少于 3 间，不足 3 间时应全数检查；

活动隔墙和玻璃隔墙每个检验批应至少抽查20%，并不得少于6间，不足6间时应全数检查。

6.轻质隔墙与顶棚和其他墙体的交接处应采取防开裂措施。

7.民用建筑轻质隔墙工程的隔声性能应符合现行国家标准《民用建筑隔声设计规范》GB50118的规定。

二、板材隔墙工程

（一）主控项目

1.隔墙板材的品种、规格、颜色和性能应符合设计要求。有隔声、隔热、阻燃和防潮等特殊要求的工程，板材应有相应性能等级的检测报告。

检验方法：观察；检查产品合格证书、进场验收记录和性能检测报告。

2.安装隔墙板材所需预埋件、连接件的位置、数量及连接方法应符合设计要求。

检验方法：观察；尺量检查；检查隐蔽工程验收记录。

3.隔墙板材安装必须牢固。

检验方法：观察；手扳检查。

4.隔墙板材所用接缝材料的品种及接缝方法应符合设计要求。

检验方法：观察；检查产品合格证书和施工记录。

5.隔墙板材安装应位置正确，板材不应有裂缝或缺损。

检验方法：观察；尺量检查。

（二）一般项目

1.板材隔墙表面应光洁、平顺、色泽一致，接缝应均匀、顺直。

检验方法：观察；手摸检查。

2.隔墙上的孔洞、槽、盒应位置正确、套割方正、边缘整齐。

检验方法：观察。

3.板材隔墙安装的允许偏差和检验方法应符合表8.19的规定。

表8.19　板材隔墙安装的允许偏差和检验方法

<table>
<tr><th rowspan="3">项次</th><th rowspan="3">项目</th><th colspan="4">允许偏差(mm)</th><th rowspan="3">检验方法</th></tr>
<tr><th colspan="2">复合轻质墙板</th><th rowspan="2">石膏空心板</th><th rowspan="2">增强水泥板、混凝土轻质板</th></tr>
<tr><th>金属夹芯板</th><th>其他复合板</th></tr>
<tr><td>1</td><td>立面垂直度</td><td>2</td><td>3</td><td>3</td><td>3</td><td>用2m垂直检测尺检查</td></tr>
<tr><td>2</td><td>表面平整度</td><td>2</td><td>3</td><td>3</td><td>3</td><td>用2m靠尺和塞尺检查</td></tr>
<tr><td>3</td><td>阴阳角方正</td><td>3</td><td>3</td><td>3</td><td>4</td><td>用200mm直角检测尺检查</td></tr>
<tr><td>4</td><td>接缝高低差</td><td>1</td><td>2</td><td>2</td><td>3</td><td>用钢直尺和塞尺检查</td></tr>
</table>

三、骨架隔墙工程

(一)主控项目

1.骨架隔墙所用龙骨、配件、墙面板、填充材料及嵌缝材料的品种、规格、性能和木材的含水率应符合设计要求,有隔声、隔热、阻燃和防潮等特殊要求的工程,材料应有相应性能等级的检测报告。

检验方法:观察;检查产品合格证书、进场验收记录、性能检测报告和复验报告。

2.骨架隔墙地梁所用材料、尺寸及位置等应符合设计要求。骨架隔墙的沿地、沿顶及边框龙骨应与基体结构连接牢固。

检验方法:手扳观察;尺量检查;检查隐蔽工程验收记录。

3.骨架隔墙中龙骨间距和构造连接方法应符合设计要求。骨架内设备管线的安装、门窗洞口等部位加强龙骨应安装牢固、位置正确,填充材料的品种、厚度及设置应符合设计要求。

检验方法:检查隐蔽工程验收记录。

4.木龙骨及木墙面板的防火和防腐处理应符合设计要求。

检验方法:检查隐蔽工程验收记录。

5.骨架隔墙的墙面板应安装牢固,无脱层、翘曲、折裂及缺损。

检验方法:观察;手扳检查。

6.墙面板所用接缝材料的接缝方法应符合设计要求。

检验方法:观察。

(二)一般项目

1.骨架隔墙表面应平整光滑、色泽一致、洁净、无裂缝,接缝应均匀、顺直。

检验方法:观察;手摸检查。

2.骨架隔墙上的孔洞、槽、盒应位置正确、套割吻合、边缘整齐。

检验方法:观察。

3.骨架隔墙内的填充材料应干燥。填充应密实、均匀、无下坠。

检验方法:轻敲检查;检查隐蔽工程验收记录。

4.骨架隔墙安装的允许偏差和检验方法应符合表8.20的规定。

表8.20 骨架隔墙安装的允许偏差和检验方法

项次	项目	允许偏差(mm)		检验方法
		纸面石膏板	人造木板、水泥纤维板	
1	立面垂直度	3	4	用2m垂直检测尺检查
2	表面平整度	3	3	用2m靠尺和塞尺检查
3	阴阳角方正	3	3	用200mm直角检测尺检查
4	接缝直线度	—	3	拉5m线,不足5m拉通线,用钢直尺检查
5	压条直线度	—	3	拉5m线,不足5m拉通线,用钢直尺检查
6	接缝高低差	1	1	用钢直尺和塞尺检查

四、活动隔墙工程

(一)主控项目

1.活动隔墙所用墙板、轨道、配件等材料的品种、规格、性能和人造木板甲醛释放量、燃烧性能应符合设计要求。

检验方法:观察;检查产品合格证书、进场验收记录、性能检测报告和复验报告。

2.活动隔墙轨道应与基体结构连接牢固,并应位置正确。

检验方法:尺量检查;手扳检查。

3.活动隔墙用于组装、推拉和制动的构配件应安装牢固、位置正确、推拉应安全、平稳、灵活。

检验方法:尺量检查;手扳检查;推拉检查。

4.活动隔墙组合方式、安装方法应符合设计要求。

检验方法:观察。

(二)一般项目

1.活动隔墙表面应色泽一致,平整光滑、洁净,线条应顺直、清晰。

检验方法:尺量检查;手摸检查。

2.活动隔墙上的孔洞、槽、盒应位置正确、套割吻合、边缘整齐。

检验方法:观察;尺量检查。

3.活动隔墙推拉应无噪声。

检验方法:推拉检查。

4.活动隔墙安装的允许偏差和检验方法应符合表8.21的规定。

表8.21　活动隔墙安装的允许偏差和检验方法

项次	项目	允许偏差(mm)	检验方法
1	立面垂直度	3	用2m垂直检测尺检查
2	表面平整度	2	用2m靠尺和塞尺检查
3	接缝直线度	3	拉5m线,不足5m拉通线,用钢直尺检查
4	接缝高低差	2	用钢直尺和塞尺检查
5	接缝宽度	2	用钢直尺检查

五、玻璃隔墙工程

(一)主控项目

1.玻璃隔墙工程所用材料的品种、规格、图案、颜色和性能应符合设计要求,玻璃板隔墙应使用安全玻璃。

检验方法:观察;检查产品合格证书、进场验收记录和性能检测报告。

2.玻璃板安装及玻璃砖砌筑方法应符合设计要求。

检验方法:观察。

3.有框玻璃板隔墙的受力杆件应与基体结构连接牢固，玻璃板安装橡胶垫位置应正确。玻璃板安装应牢固，受力应均匀。

检验方法：观察；手推检查；检查施工记录。

4.无框玻璃板隔墙的受力爪件应与基体结构连接牢固，爪件的数量、位置应正确，爪件与玻璃板的连接应牢固。

检验方法：观察；手推检查；检查施工记录。

5.玻璃门与玻璃墙板的连接、地弹簧的安装位置应符合设计要求。

检验方法：观察；开启检查；检查施工记录。

6.玻璃砖隔墙砌筑中埋设的拉结筋应与基体结构连接牢固，数量、位置应正确。

检验方法：手扳检查；尺量检查；检查隐蔽工程验收记录。

(二)一般项目

1.玻璃隔墙表面应色泽一致，平整洁净、清晰美观。

检验方法：观察。

2.玻璃隔墙接缝应横平竖直，玻璃应无裂痕、缺损和划痕。

检验方法：观察。

3.玻璃板隔墙嵌缝及玻璃砖隔墙勾缝应密实平整、均匀顺直、深浅一致。

检验方法：观察。

4.玻璃隔墙安装的允许偏差和检验方法应符合表8.22的规定。

表8.22 玻璃隔墙安装的允许偏差和检验方法

项次	项目	允许偏差(mm)		检验方法
		玻璃板	玻璃砖	
1	立面垂直度	2	3	用2m垂直检测尺检查
2	表面平整度	—	3	用2m靠尺和塞尺检查
3	阴阳角方正	2	—	用200mm直角检测尺检查
4	接缝直线度	2	—	拉5m线，不足5m拉通线，用钢直尺检查
5	接缝高低差	2	3	用钢直尺和塞尺检查
6	接缝宽度	1	—	用钢直尺检查

第七节　饰面板工程

一、一般规定

适用于内墙饰面板安装工程和高度不大于24m、抗震设防烈度不大于8度的外墙饰面板安装工程的石板安装、陶瓷板安装、木板安装、金属板安装、塑料板安装等分项工程的质量验收。

1.饰面板工程验收时应检查下列文件和记录：

(1)饰面板工程的施工图、设计说明及其他设计文件。
(2)材料的产品合格证书、性能检测报告、进场验收记录和复验报告。
(3)后置埋件的现场拉拔检验报告。
(4)满黏法施工的外墙石板和外墙陶瓷板黏结强度检测报告。
(5)隐蔽工程验收记录。
(6)施工记录。
2. 饰面板工程应对下列材料及其性能指标进行复验:
(1)室内用花岗石的放射性、室内用人造木板的甲醛释放量。
(2)水泥基黏材料的黏结强度。
(3)外墙陶瓷板的吸水率。
(4)严寒和寒冷地区外墙陶瓷板的抗冻性。
3. 饰面板工程应对下列隐蔽工程项目进行验收:
(1)预埋件(或后置埋件)。
(2)龙骨安装。
(3)连接节点。
(4)防水、保温、防火节点。
(5)外墙金属板防雷连接节点。
4. 各分项工程的检验批应按下列规定划分:

(1)相同材料、工艺和施工条件的室内饰面板工程每50间应划分为一个检验批,不足50间也应划分为一个检验批,大面积房间和走廊可按饰面板施工面积每$30m^2$计为1间。

(2)相同材料、工艺和施工条件的室外饰面板工程每$1000m^2$应划分为一个检验批,不足$1000m^2$也应划分为一个检验批。

5. 检查数量应符合下列规定:
(1)室内每个检验批应至少抽查10%,并不得少于3间;不足3间时应全数检查。
(2)室外每个检验批每$100m^2$应至少抽查一处,每处不得小于$10m^2$。
6. 饰面板工程的防震缝、伸缩缝、沉降缝等部位的处理应保证缝的使用功能和饰面的完整性。

二、石板安装工程

(一)主控项目

1. 石材的品种、规格、颜色和性能应符合设计要求及国家现行标准的有关规定。
检验方法:观察;检查产品合格证书、进场验收记录、性能检测报告和复验记录。
2. 石板孔、槽的数量、位置和尺寸应符合设计要求。
检验方法:检查进场验收记录和施工记录。

3. 石板安装工程的预埋件(或后置埋件)、连接件的材质、数量、规格、位置、连接方法和防腐处理必须符合设计要求。后置埋件的现场拉拔力应符合设计要求。石板安装应牢固。

检验方法:手扳检查;检查进场验收记录、现场拉拔检验报告、隐蔽工程验收记录和施工记录。
4. 采用满黏法施工的石板工程,石板与基层之间的黏结料应饱满、无空鼓。石板黏结应牢固。
检验方法:用小锤轻击检查;检查施工记录;检查外墙石板黏结强度检验报告。

(二)一般项目

1. 石板表面应平整、洁净、色泽一致,应无裂痕和缺损。石材表面应无泛碱等污染。

检验方法:观察。

2. 石板嵌缝应密实、平直,密度和深度应符合设计要求,嵌填材料色泽应一致。

检验方法:观察;尺量检查。

3. 采用湿作业法施工的石板工程,石材应进行防碱封闭处理。石板与基体之间的灌注材料应饱满、密实。

检验方法:用小锤轻击检查;检查施工记录。

4. 石板上的孔洞应套割吻合,边缘应整齐。

检验方法:观察。

5. 石板安装的允许偏差和检验方法应符合表 8.23 的规定。

表 8.23　石板安装的允许偏差和检验方法

项次	项目	允许偏差(mm)			检验方法
		光面	剁斧石	蘑菇石	
1	立面垂直度	2	3	3	用 2m 垂直检测尺检查
2	表面平整度	2	3	—	用 2m 靠尺和塞尺检查
3	阴阳角方正	2	4	4	用 200mm 直角检测尺检查
4	接缝直线度	2	4	4	拉 5m 线,不足 5m 拉通线,用钢直尺检查
5	墙裙、勒脚上口直线度	2	3	3	拉 5m 线,不足 5m 拉通线,用钢直尺检查
6	接缝高低差	1	3	—	用钢直尺和塞尺检查
7	接缝宽度	1	2	2	用钢直尺检查

三、陶瓷板安装工程

(一)主控项目

1. 陶瓷板的品种、规格、颜色和性能应符合设计要求及国家现行标准的有关规定。

检验方法:观察;检查产品合格证书、进场验收记录和性能检测报告。

2. 陶瓷板孔、槽的数量、位置和尺寸应符合设计要求。

检验方法:检查进场验收记录和施工记录。

3. 陶瓷板安装工程的预埋件(或后置埋件)、连接件的材质、数量、规格、位置、连接方法和防腐处理必须符合设计要求。后置埋件的现场拉拔力应符合设计要求。陶瓷板安装应牢固。

检验方法:手扳检查;检查进场验收记录、现场拉拔检验报告、隐蔽工程验收记录和施工记录。

4. 采用满黏法施工的陶瓷板工程,陶瓷板与基层之间的黏结料应饱满、无空鼓。陶瓷板粘结应牢固。

检验方法:用小锤轻击检查;检查施工记录;检查外墙陶瓷板粘结强度检验报告。

(二)一般项目

1. 陶瓷板表面应平整、洁净、色泽一致,应无裂痕和缺损。

检验方法：观察。

2.陶瓷板填缝应密实、平直，密度和深度应符合设计要求，嵌填材料色泽应一致。

检验方法：观察；尺量检查。

3.陶瓷板安装的允许偏差和检验方法应符合表8.24的规定。

表8.24　陶瓷板安装的允许偏差和检验方法

项次	项目	允许偏差(mm)	检验方法
1	立面垂直度	2	用2m垂直检测尺检查
2	表面平整度	2	用2m靠尺和塞尺检查
3	阴阳角方正	2	用200mm直角检测尺检查
4	接缝直线度	2	拉5m线，不足5m拉通线，用钢直尺检查
5	墙裙、勒脚上口直线度	2	拉5m线，不足5m拉通线，用钢直尺检查
6	接缝高低差	1	用钢直尺和塞尺检查
7	接缝宽度	1	用钢直尺检查

四、木板安装工程

(一)主控项目

1.木板的品种、规格、颜色和性能应符合设计要求及国家现行标准的有关规定。木龙骨、木饰面板的燃烧性能等级应符合设计要求。

检验方法：观察；检查产品合格证书、进场验收记录、性能检测报告和复验报告。

2.木板安装工程的龙骨、连接件的材质、数量、规格、位置、连接方法和防腐处理必须符合设计要求。木板安装应牢固。

检验方法：手扳检查；检查进场验收记录、隐蔽工程验收记录和施工记录。

(二)一般项目

1.木板表面应平整、洁净、色泽一致，应无缺损。

检验方法：观察。

2.木板接缝应平直，宽度应符合设计要求。

检验方法：观察；尺量检查。

3.木板上的孔洞应套割吻合，边缘应整齐。

检验方法：观察。

4.木板安装的允许偏差和检验方法应符合表8.25的规定。

表8.25　木板安装的允许偏差和检验方法

项次	项目	允许偏差(mm)	检验方法
1	立面垂直度	2	用2m垂直检测尺检查
2	表面平整度	1	用2m靠尺和塞尺检查
3	阴阳角方正	2	用200mm直角检测尺检查

续 表

4	接缝直线度	2	拉 5m 线，不足 5m 拉通线，用钢直尺检查
5	墙裙、勒脚上口直线度	2	拉 5m 线，不足 5m 拉通线，用钢直尺检查
6	接缝高低差	1	用钢直尺和塞尺检查
7	接缝宽度	1	用钢直尺检查

五、金属板安装工程

(一)主控项目

1. 金属板的品种、规格、颜色和性能应符合设计要求及国家现行标准的有关规定。

检验方法：观察；检查产品合格证书、进场验收记录、性能检测报告和复验报告。

2. 金属板安装工程的龙骨、连接件的材质、数量、规格、位置、连接方法和防腐处理必须符合设计要求。金属板安装应牢固。

检验方法：手扳检查；检查进场验收记录、隐蔽工程验收记录和施工记录。

3. 外墙金属板的防雷装置应与主体结构防雷装置可靠接通。

检验方法：检查隐蔽工程验收记录。

(二)一般项目

1. 金属板表面应平整、洁净、色泽一致。

检验方法：观察。

2. 金属板接缝应平直，宽度应符合设计要求。

检验方法：观察；尺量检查。

3. 金属板上的孔洞应套割吻合，边缘应整齐。

检验方法：观察。

4. 金属板安装的允许偏差和检验方法应符合表 8.26 的规定。

表 8.26 金属板安装的允许偏差和检验方法

项次	项目	允许偏差(mm)	检验方法
1	立面垂直度	2	用 2m 垂直检测尺检查
2	表面平整度	3	用 2m 靠尺和塞尺检查
3	阴阳角方正	3	用 200mm 直角检测尺检查
4	接缝直线度	2	拉 5m 线，不足 5m 拉通线，用钢直尺检查
5	墙裙、勒脚上口直线度	2	拉 5m 线，不足 5m 拉通线，用钢直尺检查
6	接缝高低差	1	用钢直尺和塞尺检查
7	接缝宽度	1	用钢直尺检查

六、塑料板安装工程

(一)主控项目

1.塑料板的品种、规格、颜色和性能应符合设计要求及国家现行标准的有关规定。塑料饰面板的燃烧性能等级应符合设计要求。

检验方法:观察;检查产品合格证书、进场验收记录和性能检测报告。

2.塑料板安装工程的龙骨、连接件的材质、数量、规格、位置、连接方法和防腐处理应符合设计要求。塑料板安装应牢固。

检验方法:手扳检查;检查进场验收记录、隐蔽工程验收记录和施工记录。

(二)一般项目

1.塑料板表面应平整、洁净、色泽一致,应无缺损。

检验方法:观察。

2.塑料板接缝应平直,宽度应符合设计要求。

检验方法:观察;尺量检查。

3.塑料板上的孔洞应套割吻合,边缘应整齐。

检验方法:观察。

4.塑料板安装的允许偏差和检验方法应符合表8.27的规定。

表8.27　塑料板安装的允许偏差和检验方法

项次	项目	允许偏差(mm)	检验方法
1	立面垂直度	2	用2m垂直检测尺检查
2	表面平整度	3	用2m靠尺和塞尺检查
3	阴阳角方正	3	用200mm直角检测尺检查
4	接缝直线度	2	拉5m线,不足5m拉通线,用钢直尺检查
5	墙裙、勒脚上口直线度	2	拉5m线,不足5m拉通线,用钢直尺检查
6	接缝高低差	1	用钢直尺和塞尺检查
7	接缝宽度	1	用钢直尺检查

第八节　饰面砖工程

一、一般规定

适用于适用于内墙饰面砖粘贴和高度不大于100m、抗震设防烈度不大于8度、采用满粘法施工的外墙饰面砖粘贴等分项工程的质量验收。

1.饰面砖工程验收时应检查下列文件和记录：

(1)饰面砖工程的施工图、设计说明及其他设计文件。

(2)材料的产品合格证书、性能检测报告、进场验收记录和复验报告。

(3)外墙饰面砖施工前粘贴样板和外墙饰面砖粘贴工程饰面砖黏结强度检验报告。

(4)隐蔽工程验收记录。

(5)施工记录。

2.饰面砖工程应对下列材料及其性能指标进行复验：

(1)室内用花岗石和瓷质饰面砖的放射性。

(2)水泥基粘材料与所用外墙饰面砖的拉伸黏结强度。

(3)外墙陶瓷面砖的吸水率。

(4)严寒及寒冷地区外墙陶瓷面砖的抗冻性。

3.饰面砖工程应对下列隐蔽工程项目进行验收：

(1)基层和基体。

(2)防水层。

4.各分项工程的检验批应按下列规定划分：

(1)相同材料、工艺和施工条件的室内饰面砖工程每50间应划分为一个检验批，不足50间也应划分为一个检验批，大面积房间和走廊可按饰面板施工面积每30m^{2}计为1间。

(2)相同材料、工艺和施工条件的室外饰面砖工程每1000m^{2}应划分为一个检验批，不足1000m^{2}也应划分为一个检验批。

5.检查数量应符合下列规定：

(1)室内每个检验批应至少抽查10%，并不得少于3间；不足3间时应全数检查。

(2)室外每个检验批每100m^{2}应至少抽查一处，每处不得小于10m^2。

6.外墙饰面砖工程施工前，应在待施工基层上做样板，并对样板的饰面砖黏结强度进行检验，检验方法和结果判定应符合现行行业标准《建筑工程饰面砖粘结强度检验标准》JGJ/T110的规定。

7.饰面砖工程的防震缝、伸缩缝、沉降缝等部位的处理应保证缝的使用功能和饰面的完整性。

二、内墙饰面砖安装工程

(一)主控项目

1.内墙饰面砖的品种、规格、图案、颜色和性能应符合设计要求及国家现行标准的有关规定。

检验方法：观察；检查产品合格证书、进场验收记录、性能检测报告和复验报告。

2.内墙饰面砖粘贴工程的找平、防水、黏结和填缝材料及施工方法应符合设计要求及国家现行标准的有关规定。

检验方法：检查产品合格证书、复验报告和隐蔽工程验收记录。

3.内墙饰面砖粘贴应牢固。

检验方法：手拍检查、检查施工记录。

4.满粘法施工的内墙饰面砖应无裂缝，大面和阳角应无空鼓。

检验方法：观察；用小锤轻击检查。

(二)一般项目

1.内墙饰面砖表面应平整、洁净、色泽一致，应无裂痕和缺损。

检验方法：观察。

2. 内墙面凸出物周围的饰面砖应整砖套割吻合，边缘应整齐。墙裙、贴脸突出墙面的厚度应一致。

检验方法：观察；尺量检查。

3. 内墙饰面砖接缝应平直、光滑，填嵌应连续、密实；密度和深度应符合设计要求。

检验方法：观察；尺量检查。

5. 内墙饰面砖粘贴的允许偏差和检验方法应符合表 8.28 的规定。

表 8.28　内墙饰面砖粘贴的允许偏差和检验方法

项次	项目	允许偏差(mm)	检验方法
1	立面垂直度	2	用 2m 垂直检测尺检查
2	表面平整度	3	用 2m 靠尺和塞尺检查
3	阴阳角方正	3	用 200mm 直角检测尺检查
4	接缝干线度	2	拉 5m 线，不足 5m 拉通线，用钢直尺检查
5	接缝高低差	1	用钢直尺和塞尺检查
6	接缝宽度	1	用钢直尺检查

三、外墙饰面砖安装工程

(一)主控项目

1. 外墙饰面砖的品种、规格、图案、颜色和性能应符合设计要求及国家现行标准的有关规定。

检验方法：观察；检查产品合格证书、进场验收记录、性能检测报告和复验报告。

2. 外墙饰面砖粘贴工程的找平、防水、粘结、填缝材料及施工方法应符合设计要求及国家现行行业标准《外墙饰面砖工程施工及验收规程》JGJ126 的规定。

检验方法：检查产品合格证书、复验报告和隐蔽工程验收记录。

3. 外墙饰面砖粘贴工程的伸缩缝设置应符合设计要求。

检验方法：观察、尺量检查。

4. 外墙饰面砖粘贴应牢固。

检验方法：检查外墙饰面砖粘结强度检验报告和施工记录。

5. 外墙饰面砖工程应无空鼓、裂缝。

检验方法：观察；用小锤轻击检查。

(二)一般项目

1. 外墙饰面砖表面应平整、洁净、色泽一致，应无裂痕和缺损。

检验方法：观察。

2. 饰面砖外墙阴阳角构造应符合设计要求。

检验方法：观察。

3. 墙面凸出物周围的外墙饰面砖应整砖套割吻合，边缘应整齐。墙裙、贴脸突出墙面的厚度应一致。

检验方法：观察；尺量检查。

4. 外墙饰面砖接缝应平直、光滑，填嵌应连续、密实；宽度和深度应符合设计要求。

检验方法：观察；尺量检查。

5.有排水要求的部位应做滴水线(槽)。滴水线(槽)应顺直,流水坡向应正确,坡度应符合设计要求。

检验方法:观察;用水平尺检查。

6.外墙饰面砖粘贴的允许偏差和检验方法应符合表8.29的规定。

表8.29　外墙饰面砖粘贴的允许偏差和检验方法

项次	项目	允许偏差(mm)	检验方法
1	立面垂直度	3	用2m垂直检测尺检查
2	表面平整度	4	用2m靠尺和塞尺检查
3	阴阳角方正	3	用200mm直角检测尺检查
4	接缝直线度	3	拉5m线,不足5m拉通线,用钢直尺检查
5	接缝高低差	1	用钢直尺和塞尺检查
6	接缝宽度	1	用钢直尺检查

第九节　涂饰工程

一、一般规定

适用于水性涂料涂饰、溶剂型涂料涂饰、美术涂饰等分项工程的质量验收。水性涂料包括乳液型涂料、无机涂料、水溶性涂料等;溶剂型涂料包括丙烯酸酯涂料、聚氨酯丙烯酸涂料、有机硅丙烯酸涂料、交联型氟树脂涂料等;美术涂饰包括套色涂饰、滚花涂饰、仿花纹涂饰等。

1.涂饰工程验收时应检查下列文件和记录:

(1)涂饰工程的施工图、设计说明及其他设计文件。

(2)材料的产品合格证书、性能检测报告、有害物质限量检验报告和进场验收记录。

(3)施工记录。

2.各分项工程的检验批应按下列规定划分:

(1)室外涂饰工程每一栋楼的同类涂料涂饰的墙面每1000m^{2}应划分为一个检验批,不足1000m^{2}也应划分为一个检验批。

(2)室内涂饰工程同类涂料涂饰墙面每50间应划分为一个检验批,不足50间也应划分为一个检验批,大面积房间和走廊可按涂饰面积每30m^{2}计为1间。

3.检查数量应符合下列规定:

(1)室外涂饰工程每100m^{2}应至少抽查一处,每处不得小于10m^2。

(2)室内涂饰工程每个检验批应至少抽查10%,并不得少于3间;不足3间时应全数检查。

4.涂饰工程的基层处理应符合下列要求:

(1)新建筑物的混凝土或抹灰基层在用腻子找平或直接涂饰涂料前应涂刷抗碱封闭底漆。

(2)既有建筑墙面在用腻子找平或直接涂饰涂料前应清除疏松的旧装修层,并涂刷界面剂。

(3)混凝土或抹灰基层在用溶剂型腻子找平或直接涂刷溶剂型涂料时,含水率不得大于8%;在用乳液型型腻子找平或直接涂刷乳液型涂料时,含水率不得大于10%;木材基层的含水率不得大于12%。

(4)找平层应平整、坚实、牢固、无粉化、起皮和裂缝；内墙找平层的黏结强度应符合现行行业标准《建筑室内用腻子》JG/T298 的规定。

(5)厨房、卫生间墙面的找平层应使用耐水腻子。

5. 水性涂料涂饰工程施工的环境温度应在 5℃～35℃。

6. 涂饰工程施工时应对与涂层衔接的其他装修材料、邻近的设备等采取有效的保护措施，以避免由涂料造成的沾污。

7. 涂饰工程应在涂层养护期满后进行质量验收。

二、水性涂料涂饰工程

(一)主控项目

1. 水性涂料涂饰工程所用涂料的品种、型号和性能应符合设计要求及国家现行标准的有关规定。

检验方法：检查产品合格证书、性能检测报告、有害物质限量检验报告和进场验收记录。

2. 水性涂料涂饰工程的颜色、光泽、图案应符合设计要求。

检验方法：观察。

3. 水性涂料涂饰工程应涂饰均匀、黏结牢固，不得漏涂、透底、开裂、起皮和掉粉。

检验方法：观察；手摸检查。

4. 水性涂料涂饰工程的基层处理应符合本节一般规定第 4 点的要求。

检验方法：观察；手摸检查；检查施工记录。

(二)一般项目

1. 薄涂料的涂饰质量和检验方法见表 8.30。

表 8.30　薄涂料的涂饰质量和检验方法

项次	项目	普通涂饰	高级涂饰	检验方法
1	颜色	均匀一致	均匀一致	观察
2	光泽、光滑	光泽基本均匀，光滑无挡手感	光泽均匀一致，光滑	
3	泛碱、咬色	允许少量轻微	不允许	
4	流坠、疙瘩	允许少量轻微	不允许	
5	砂眼、刷纹	允许少量轻微砂眼、刷纹通顺	无砂眼，无刷纹	

2. 厚涂料的涂饰质量和检验方法见表 8.31。

表 8.31　厚涂料的涂饰质量和检验方法

项次	项目	普通涂饰	高级涂饰	检验方法
1	颜色	均匀一致	均匀一致	观察
2	光泽	光泽基本均匀	光泽均匀一致	
3	泛碱、咬色	允许少量轻微	不允许	
4	点状分布	—	疏密均匀	

3.复合涂料的涂饰质量和检验方法见表 8.32。

表 8.32 复合涂料的涂饰质量和检验方法

项次	项目	质量要求	检验方法
1	颜色	均匀一致	观察
2	光泽	光泽基本均匀	
3	泛碱、咬色	不允许	
4	喷点疏密程度	均匀,不允许连片	

4.涂层与其他装修材料和设备衔接处应吻合,界面应清晰。

检验方法:观察。

5.墙面水性涂料涂饰工程的允许偏差和检验方法见表 8.33。

表 8.33 墙面水性涂料涂饰工程的允许偏差和检验方法

项次	项目	允许偏差(mm)					检验方法
		薄涂料		厚涂料		复层涂料	
		普通涂饰	高级涂饰	普通涂饰	高级涂饰		
1	立面垂直度	3	2	4	3	5	用 2m 垂直检测尺检查
2	表面平整度	3	2	4	3	5	用 2m 靠尺和塞尺检查
3	阴阳角方正	3	2	4	3	4	用 200mm 直角检测尺检查
4	装饰线、分色线直线度	2	1	2	1	3	拉 5m 线,不足 5m 拉通线,用钢直尺检查
5	墙裙、勒脚上口直线度	2	1	2	1	3	拉 5m 线,不足 5m 拉通线,用钢直尺检查

三、溶剂型涂料涂饰工程

(一)主控项目

1.溶济型涂料涂饰工程所选用涂料的品种、型号和性能应符合设计要求及国家现行标准的有关规定。

检验方法:检查产品合格证书、性能检测报告、有害物质限量检验报告和进场验收记录。

2.溶济型涂料涂饰工程的颜色、光泽、图案应符合设计要求。

检验方法:观察。

3.溶济型涂料涂饰工程应涂饰均匀、黏结牢固,不得漏涂、透底、开裂、起皮和反锈。

检验方法:观察;手摸检查。

4.基层处理同水性涂料涂饰。

检验方法:观察;手摸检查;检查施工记录。

(二)一般项目

1.色漆的涂饰质量和检验方法见表 8.34

表 8.34　色漆的涂饰质量和检验方法

项次	项目	普通涂饰	高级涂饰	检验方法
1	颜色	均匀一致	均匀一致	观察
2	光泽、光滑	光泽基本均匀光滑，无挡手感	光泽均匀一致，光滑	观察、手摸检查
3	刷纹	刷纹通顺	无刷纹	观察
4	裹棱、流坠、皱皮	明显处不允许	不允许	观察

2.清漆的涂饰质量和检验方法见表 8.35。

表 8.35　清漆的涂饰质量和检验方法

项次	项目	普通涂饰	高级涂饰	检验方法
1	颜色	基本一致	均匀一致	观察
2	木纹	棕眼刮平、木纹清楚	棕眼刮平、木纹清楚	观察
3	光泽、光滑	光泽基本均匀光滑，无挡手感	光泽均匀一致光滑	观察、手摸检查
4	刷纹	无刷纹	无刷纹	观察
5	裹棱、流坠、皱皮	明显处不允许	不允许	观察

3.涂层与其他装修材料和设备衔接处应吻合，界面应清晰。

检验方法：观察。

4.墙面溶剂型涂料涂饰工程的允许偏差和检验方法见表 8.36。

表 8.36　墙面溶剂型涂料涂饰工程的允许偏差和检验方法

项次	项目	允许偏差(mm)				检验方法
		色漆		清漆		
		普通涂饰	高级涂饰	普通涂饰	高级涂饰	
1	立面垂直度	4	3	3	2	用 2m 垂直检测尺检查
2	表面平整度	4	3	3	2	用 2m 靠尺和塞尺检查
3	阴阳角方正	4	3	3	2	用 200mm 直角检测尺检查
4	装饰线、分色线直线度	2	1	2	1	拉 5m 线，不足 5m 拉通线，用钢直尺检查
5	墙裙、勒脚上口直线度	2	1	2	1	拉 5m 线，不足 5m 拉通线，用钢直尺检查

四、美术涂饰工程

(一)主控项目

1.美术涂饰所用材料的品种、型号和性能应符合设计要求及国家现行标准的有关规定。

检验方法：观察；检查产品合格证书、性能检测报告、有害物质限量检验报告和进场验收记录。

2.美术涂饰工程应涂饰均匀、黏结牢固，不得漏涂、透底、开裂、起皮、掉粉和反锈。

检验方法：观察；手摸检查。

3.基层处理同水性涂料涂饰。

检验方法：观察；手摸检查；检查施工记录。

4.美术涂饰工程的套色、花纹和图案应符合设计要求。
检验方法:观察。

(二)一般项目

1.美术涂饰表面应洁净,不得有流坠现象。
检验方法:观察。
2.仿花纹涂饰的饰面应具有被模仿材料的纹理。
检验方法:观察。
3.套色涂饰的图案不得移位,纹理和轮廓应清晰。
检验方法:观察。
4.墙面美术涂饰工程的允许偏差和检验方法见表8.37。

表8.37 墙面美术涂饰工程的允许偏差和检验方法

项次	项目	允许偏差(mm)	检验方法
1	立面垂直度	4	用2m垂直检测尺检查
2	表面平整度	4	用2m靠尺和塞尺检查
3	阴阳角方正	4	用200mm直角检测尺检查
4	装饰线、分色线直线度	2	拉5m线,不足5m拉通线,用钢直尺检查
5	墙裙、勒脚上口直线度	2	拉5m线,不足5m拉通线,用钢直尺检查

第十节 裱糊与软包工程

一、一般规定

适用于聚氯乙烯塑料壁纸、纸质壁纸、墙布等裱糊工程和织物、皮革、人造革等软包工程的质量验收。

1.裱糊与软包工程验收时应检查下列资料:
(1)裱糊与软包工程的施工图、设计说明及其他设计文件。
(2)饰面材料的样板及确认文件。
(3)材料的产品合格证书、性能检测报告、进场验收记录和复验报告。
(4)饰面材料及封闭底漆、胶粘剂、涂料的有害物质限量检验报告。
(5)隐蔽工程验收记录。
(6)施工记录。
2.软包工程应对木材的含水率及人造木板的甲醛释放量进行复验。
3.裱糊工程应对基层封闭底漆、腻子、封闭底胶及软包内衬材料进行隐蔽验收。裱糊前,基层处理应达到下列规定:
(1)新建筑物的混凝土或抹灰层基层墙面在刮腻子前应涂刷抗碱封闭底漆。
(2)粉化的旧墙面应除去粉化层,并在刮涂腻子前涂刷一层界面处理剂。

(3)混凝土或抹灰基层含水率不得大于8%;木材基层的含水率不得大于12%。

(4)石膏板基层,接缝及裂缝处应贴加强网布后再刮腻子。

(5)基层腻子应平整、坚实、牢固、无粉化、起皮、空鼓、酥松、裂缝和泛碱;腻子的黏结强度不得小于0.3MPa。

(6)基层表面平整度、立面垂直度及阴阳角方正应达到《建筑装饰装修工程质量验收规范》第4.2.10条高级抹灰的要求。

(7)基层表面颜色应一致。

(8)裱糊前应封闭底胶涂刷基层。

4.同一品种的裱糊或软包工程每50间应划分为一个检验批,不足50间也应划分为一个检验批,大面积房间和走廊可按裱糊或软包面积每30m² 计为1间。

5.检查数量应符合下列规定:

(1)裱糊工程每个检验批应至少抽查5间,不足5间时应全数检查;

(2)软包工程每个检验批应至少抽查10间,不足10间时应全数检查。

二、裱糊工程

(一)主控项目

1.壁纸、墙布的种类、规格、图案、颜色和燃烧性能等级应符合设计要求及国家现行标准的有关规定。

检验方法:观察;检查产品合格证书、进场验收记录和性能检测报告。

2.裱糊工程基层处理符合《建筑装饰装修工程质量验收规范》第4.2.10条高级抹灰的要求。

检验方法:检查隐蔽工程验收记录和施工记录。

3.裱糊后各幅拼接应横平竖直,拼接处花纹、图案应吻合,不离缝,不搭接,不显拼接。

检验方法:距离墙面1.5m处观察。

4.壁纸、墙布应粘贴牢固,不得有漏贴、补贴、脱层、空鼓和翘边。

检验方法:观察;手模检查。

(二)一般项目

1.裱糊后的壁纸、墙布表面应平整,不得有波纹起伏、气泡、裂缝、皱折;表面色泽应一致,不得有斑污,斜视时应无胶痕。

检验方法:观察;手摸检查。

2.复合压花壁纸和发泡壁纸的压痕或发泡层应无损坏。

检验方法:观察。

3.壁纸、墙布与装饰线、踢脚板、门窗框的交接处应吻合、严密、顺直。与墙面上电气槽、盒的交接处套割应吻合,不得有缝隙。

检验方法:观察。

4.壁纸、墙布边缘应平直整齐,不得有纸毛、飞刺。

检验方法:观察。

5.壁纸、墙布阴角处应顺光搭接,阳角处应无接缝。

检验方法:观察。

6.裱糊工程的允许偏差和检验方法符合表8.38的规定。

表 8.38 裱糊工程的允许偏差和检验方法

项次	项目	允许偏差(mm)	检验方法
1	表面平整度	3	用 2m 垂直检测尺检查
2	立面垂直度	3	用 2m 靠尺和塞尺检查
3	阴阳角方正	3	用 200mm 直角检测尺检查

三、软包工程

(一)主控项目

1. 软包工程的安装位置及构造做法应符合设计要求。

检验方法:观察;尺量检查;检查施工记录。

2. 软包边框所选木材的材质、花纹、颜色和燃烧性能等级应符合设计要求及国家现行标准的规定。

检验方法:观察;检查产品合格证书、进场验收记录、性能检测报告和复验报告。

3、软包衬板材质、品种、规格、含水率应符合设计要求。面料及内衬材料品种、规格、颜色、图案及燃烧性能等级应符合国家现行标准的有关规定。

检验方法:观察;检查产品合格证书、进场验收记录、性能检测报告和复验报告。

4. 软包工程的龙骨、边框应安装牢固。

检验方法:手扳检查。

5. 软包衬板与基层应连接牢固,无翘曲、变形,拼缝应平直,相邻板面接缝应符合设计要求,横向无错位拼接的分格应保持通缝。

检验方法:观察;检查施工记录。

(二)一般项目

1. 单块软包面料不应有接缝,四周应绷压严密。需要拼花的,拼花处花纹、图案应吻合。软包饰面上电气槽、盒的开口位置、尺寸应正确,套割应吻合,槽、盒四周应镶硬边。

检验方法:观察;手摸检查。

2. 软包工程表面应平整、洁净、无污染、无凹凸不平及皱折;图案应清晰、无色差,整体应协调美观、符合设计要求。

检验方法:观察。

3. 软包工程边框表面应平整、光滑、顺直,无色差、无钉眼;对缝、拼角应均匀对称、接缝吻合。清漆制品木纹、色泽应协调一致。其表面涂饰质量应符合规范有关规定。

检验方法:观察;手摸检查。

4. 软包内衬应饱满,边缘应平齐。

检验方法:观察;手摸检查。

5. 软包墙面与装饰线、踢脚板、门窗框的交接处应吻合、严密、顺直。交接(留缝)方式应符合设计要求。

检验方法:观察。

4. 软包工程安装的允许偏差和检验方法应符合表 8.39 的规定。

表 8.39 软包工程安装的允许偏差和检验方法

项次	项 目	允许偏差(mm)	检验方法
1	单块软包边框水平度	3	用 1m 水平尺和塞尺检查
2	单块软包边框垂直度	3	用 1m 垂直检测尺检查
3	单块软包对角线长度差	3	从框的裁口里角用钢尺检查
4	单块软包宽度、高度	0,—2	从框的裁口里角用钢尺检查
5	分格条(缝)直线度	3	拉 5m 线,不足 5m 拉通线,用钢直尺检查
6	裁口线条结合处高度差	1	用钢直尺和塞尺检查

第十一节 细部工程

一、一般规定

适用于固定橱柜制作与安装、窗帘盒和窗台板制作与安装、门窗套制作与安装、护栏和扶手制作与安装、花饰制作与安装等分项工程的质量验收。

1. 细部工程验收时应检查下列文件和记录:

(1)施工图、设计说明及其他设计文件。

(2)材料的产品合格证书、性能检测报告、进场验收记录和复验报告。

(3)隐蔽工程验收记录。

(4)施工记录。

3. 细部工程应对花岗石的放射性和人造木板的甲醛释放量进行复验。

4. 细部工程应对下列部位进行隐蔽工程验收:

(1)预埋件(或后置埋件)。

(2)护栏与预埋件的连接节点。

5. 各分项工程的检验批应按下列规定划分:

(1)同类制品每 50 间(处)应划分为一个检验批,不足 50 间(处)也应划分为一个检验批。

(2)每部楼梯应划分为一个检验批。

6. 橱柜、窗帘盒、窗台板、门窗套和室内花饰每个检验批应至少抽 3 间(处),不足 3 间(处)时应全数检查。护栏、扶手和室外花饰每个检验批应全数检查。

二、橱柜制作与安装工程

(一)主控项目

1. 橱柜制作与安装所用材料的材质、规格、性能、有害物质限量及木材的燃烧性能等级和含水率应符合设计要求及国家现行标准的有关规定。

检验方法:观察;检查产品合格证书、进场验收记录、性能检测报告和复验报告。

2. 橱柜安装预埋或后置埋件的数量、规格、位置应符合设计要求。
检验方法:检查隐蔽工程和验收记录、施工记录。
3. 橱柜的造型、尺寸、安装位置、制作和固定方法应符合设计要求。橱柜安装应牢固。
检验方法:观察;尺量检查;手扳检查。
4. 橱柜配件的品种、规格应符合设计要求,配件应齐全,安装应牢固。
检验方法:观察;手扳检查;检查进场验收记录。
5. 橱柜的抽屉和柜门应开关灵活、回位正确。
检验方法:观察;开启和关闭检查。

(二)一般项目

1. 橱柜表面应平整、洁净、色泽一致;不得有裂缝、翘曲及损坏。
检验方法:观察。
2. 橱柜裁口应顺直、拼缝应严密。
检验方法:观察。
3. 橱柜安装的允许偏差和检验方法应符合表 8.40 的规定。

表 8.40 橱柜安装的允许偏差和检验方法

项次	项目	允许偏差(mm)	检验方法
1	外型尺寸	3	用钢尺检查
2	立面垂直度	2	用 1m 垂直检测尺检查
3	门与框架的平等度	2	用钢尺检查

三、窗帘盒和窗台板制作与安装工程

(一)主控项目

1. 窗帘盒和窗台板制件与安装所用材料的材质、规格、性能、有害物质限量及木材的燃烧性能等级和含水率应符合设计要求及国家现行标准的有关规定。
检验方法:观察;检查产品合格证书、进场验收记录、性能检测报告和复验报告。
2. 窗帘盒和窗台板的造型、规格、尺寸、安装位置和固定方法必须符合设计要求。窗帘盒和窗台板的安装应牢固。
检验方法:观察;尺量检查;手扳检查。
3. 窗帘盒配件的品种、规格应符合设计要求,安装应牢固。
检验方法:手扳检查;检查进场验收记录。

(二)一般项目

1. 窗帘盒和窗台板表面应平整、洁净、线条顺直、接缝严密、色泽一致;不得有裂缝、翘曲及损坏。
检验方法:观察。
2. 窗帘盒和窗台板与墙面、窗框的衔接应严密,密封胶缝应顺直、光滑。
检验方法:观察。
3. 窗帘盒和窗台板安装的允许偏差和检验方法应符合表 8.41 的规定。

表 8.41　窗帘盒和窗台板安装的允许偏差和检验方法

项次	项目	允许偏差(mm)	检验方法
1	水平度	2	用 1m 水平尺和塞尺检查
2	上口、下口直线度	3	拉 5m 线，不足 5m 拉通线，用钢直尺检查
3	两端距窗洞口长度差	2	用钢直尺检查
4	两端出墙厚度差	3	用钢直尺检查

四、门窗套制作与安装工程

(一)主控项目

1.门窗套制作与安装所用材料的材质、规格、花纹、颜色、性能、有害物质限量及木材的燃烧性能等级和含水率应符合设计要求及国家现行标准的有关规定。

检验方法：观察；检查产品合格证书、进场验收记录、性能检测报告和复验报告。

2.门窗套的造型、尺寸和固定方法应符合设计要求，安装应牢固。

检验方法：观察；尺量检查；手扳检查。

(二)一般项目

1.门窗套表面应平整、洁净、线条顺直、接缝严密、色泽一致，不得有裂缝、翘曲及损坏。

检验方法：观察。

2.门窗套安装的允许偏差和检验方法应符合表 8.42 的规定。

表 8.42　门窗套安装的允许偏差和检验方法

项次	项目	允许偏差(mm)	检验方法
1	正、侧面垂直度	3	用 1m 垂直检测尺检查
2	门窗套上口水平度	1	用 1m 水平检测尺和塞尺检查
3	门窗套上口直线度	3	拉 5m 线，不足 5m 拉通线，用钢直尺检查

五、护栏和扶手制件与安装工程

(一)主控项目

1.护栏和扶手制件与安装所用材料的材质、规格、数量和木材、塑料的燃烧性能等级应符合设计要求。

检验方法：观察；检查产品合格证书、进场验收记录和性能检测报告。

2.护栏和扶手的造型、尺寸及安装位置符合设计要求。

检验方法：观察；尺量检查；检查进场验收记录。

3.护栏和扶手安装预埋件数量、规格、位置及护栏与预埋件的连接节点应符合设计要求。

检验方法：检查隐蔽工程验收记录和施工记录。

4.护栏高度、栏杆间距、安装位置必须符合设计要求，护栏安装应牢固。

检验方法：观察；尺量检查；手扳检查。

5. 栏杆玻璃的使用应符合设计要求和现行行业标准《建筑玻璃应用技术规程》(JGJ133)的规定。

检验方法：观察；尺量检查；检查产品合格证书和进场验收记录。

(二)一般项目

1. 护栏和扶手转角弧度应符合设计要求，接缝应严密，表面应光滑、色泽一致，不得有裂缝、翘曲及损坏。

检验方法：观察；手摸检查。

2. 护栏和扶手安装的允许偏差和检验方法应符合表 8.43 的规定。

表 8.43 护栏和扶手安装的允许偏差和检验方法

项次	项目	允许偏差(mm)	检验方法
1	护栏垂直度	3	用 1m 垂直检测尺检查
2	栏杆间距	0，−6	用钢尺检查
3	扶手直线度	4	拉通线，用钢直尺检查
4	扶手高度	+6，0	用钢尺检查

六、花饰制作与安装工程

(一)主控项目

1. 花饰制作与安装所用材料的材质、规格、性能、有害物质限量及木材的燃烧性能等级和含水率应符合设计要求及国家现行标准的有关规定。

检验方法：观察；检查产品合格证书、进场验收记录、性能检测报告和复验报告。

2. 花饰的造型、尺寸应符合设计要求。

检验方法：观察；尺量检查。

3. 花饰的安装位置和固定方法必须符合设计要求，安装应牢固。

检验方法：观察；尺量检查；手扳检查。

(二)一般项目

1. 花饰表面应洁净，接缝应严密吻合，不得有歪斜、裂缝、翘曲及损坏。

检验方法：观察。

2. 花饰安装的允许偏差和检验方法应符合表 8.44 的规定。

表 8.44 花饰安装的允许偏差和检验方法

<table>
<tr><th rowspan="2">项次</th><th rowspan="2" colspan="2">项目</th><th colspan="2">允许偏差(mm)</th><th rowspan="2">检验方法</th></tr>
<tr><th>室内</th><th>室外</th></tr>
<tr><td rowspan="2">1</td><td rowspan="2">条型花饰的水平度或垂直度</td><td>每米</td><td>1</td><td>3</td><td rowspan="2">拉线和用 1m 垂直检测尺检查</td></tr>
<tr><td>全长</td><td>3</td><td>6</td></tr>
<tr><td>2</td><td colspan="2">单独花饰中心位置偏移</td><td>10</td><td>15</td><td>拉线和用钢直尺检查</td></tr>
</table>

思考题

1. 简述地面工程的质量检验与评定方法。
2. 简述墙面工程的质量检验与评定方法。
3. 简述吊顶工程的质量检验与评定方法。
4. 简述门窗工程的质量检验与评定方法。
5. 简述细部工程的质量检验与评定方法。
6. 简述装饰装修相关安装工程的质量检验与评定方法。

第九章　工程资料的收集与整理

本章共4节，主要介绍在工程施工过程中所需要收集和整理的工程资料及方法，通过资料收集与整理来记录工程的施工内容。要求能够编制、收集、整理质量资料。

工程资料管理的内容主要包括工程施工技术管理资料、工程质量控制资料、工程施工质量验收资料、竣工图四大部分。

第一节　工程施工技术管理资料

工程施工技术管理资料是建设工程施工全过程中的真实记录，是施工各阶段客观产生的施工技术文件。其主要内容如下。

一、工程开工报告相关资料

开工报告是建设单位与施工单位共同履行基本建设程序的证明文件，是施工单位承建建筑单位工程工期的证明文件。

二、技术、安全交底记录文件

此文件是施工单位负责人把设计要求的施工措施、安全生产贯彻到基层乃至每个工人的一项技术管理方法。交底主要项目为图纸交底、施工组织设计交底、设计变更和洽商交底、分项工程技术交底、安全交底。技术、安全交底只有当签字齐全后方可生效，并发至施工班组。

三、施工组织设计文件

承包单位在开工前为工程所做的施工组织、施工工艺、施工计划等方面的设计，用来指导拟建工程全过程中各项活动的技术、经济和组织的综合性文件。参与编制的人员应在“会签表”上签字，交项目监理签署意见并在会签表上签字，经报审同意后执行并进行下发交底。

四、施工日志记录文件

施工日志是项目经理部的有关人员对工程项目施工过程中的有关技术管理和质量管理活动以及

效果进行逐日连续完整的记录。要求对工程从开工到竣工的整个施工阶段进行全面记录，内容要求完整，并能完整、全面地反映工程相关情况。

五、工程测量记录文件

工程测量记录是在施工过程中形成的确保建设工程定位、尺寸、标高、位置和沉降量等满足设计要求和规范规定的资料统称。

施工测量放线记录是建设工程根据施工图纸给定的位置、轴线、标高进行的测量与复测，以保证工程的位置、轴线、标高正确。检查意见及复验意见应分别由施工单位、监理单位相关负责人填写，并签字盖章。

六、施工记录文件

施工记录是在施工过程中形成的，确保工程质量和安全的各种检查、记录的统称，主要包括施工检查记录、交接检查记录等。

七、工程质量事故记录文件

工程质量事故记录包括工程质量事故报告和工程质量事故处理记录。

（一）工程质量事故报告

发生质量事故应有报告，对质量事故进行分析，按规定程序报告。

（二）工程质量事故处理记录

做好事故处理鉴定记录，建立质量事故档案，主要包括质量事故报告、处理方案、实施记录和验收记录。

八、工程竣工文件

工程竣工文件包括竣工报告、竣工验收证明书和工程质量保修书。

竣工报告是指工程项目具备竣工条件后，施工单位向建设单位报告，提请建设单位组织竣工验收的文件。提交竣工报告的条件是施工单位在合同规定的承包项目内容全部完工，自行组织有关人员进行检查验收，全部符合设计要求和质量标准。由施工单位生产部门填写竣工报告，经施工单位工程管理部门组织有关人员复查，确认具备竣工条件后，法人代表签字，法人单位盖章，报请监理、建设单位审批。

竣工验收证明书是指工程项目按设计和施工合同规定的内容全部完工，达到验收规范及合同要求，满足生产、使用并通过竣工验收的证明文件。建设单位接到竣工报告后，由建设单位项目负责人组织设计单位、监理单位、施工总、分包单位及有关部门，以国家颁发的施工质量验收规范为依据，按设计和施工合同的内容对工程进行全面检查和验收，通过后办理《竣工验收证明书》。由施工单位填写，报建设、监理、设计等单位负责人签字确认。

建设工程实行质量保修制度，工程承包单位在向建设单位提交工程竣工验收报告时，应该向建设单位出具质量保修书。质量保修书应当明确建设工程的保修范围、保修期限和保修责任等。

第二节　工程质量控制资料

工程质量控制资料是建设工程施工全过程全面反映工程质量控制和保证的依据性证明资料。其主要内容如下。

一、图纸会审记录文件

图纸会审记录是对已正式签署的设计文件进行交底、审查和会审，对提出的问题予以记录的文件。项目经理收到工程图纸后，应组织有关人员进行审查，将设计疑问及图纸存在的问题，按专业整理、汇总后报建设单位，由建设单位提交设计单位，进行图纸会审和设计交底准备。图纸会审由建设单位组织设计、监理、施工单位负责人及有关人员参加、设计单位对设计疑问及图纸存在的问题进行交底，施工单位负责将设计交底内容按专业汇总、整理，形成图纸会审记录。由建设、设计、监理、施工单位的项目相关负责人签字确认并加盖各参加单位的公章，形成正式图纸会审记录。图纸会审记录属于正式设计文件，不得擅自在会审记录上涂改或变更其内容。

二、设计变更文件

设计变更是在施工过程中，由于设计图纸本身差错，设计图纸与实际情况不符，施工条件变化，建设各方提出合理化建议，原材料的规格、品种、质量不符合设计要求等原因，需要对设计图纸部分内容进行修改而办理的变更设计文件。设计变更是施工图的补充和修改的记载，要及时办理，内容要求明确具体，必要时附图，不得任意涂改和事后补办，按签发的日期先后顺序编号，要求责任明确，签字齐全。

三、工程洽商记录文件

工程洽商是施工过程中一种协调业主与施工单位、施工单位和设计单位洽商行为的记录。工程洽商分为技术洽商和经济洽商两种，通常情况下由施工单位提出。

在组织施工过程中，如发现设计图纸存在问题，或因施工条件发生变化，不能满足设计要求，或某种材料需要代换时，应向设计单位提出书面工程洽商。

工程洽商记录应分专业及时办理，内容翔实，必要时应附图，并逐条注明所修改图纸的图号，工程洽商记录应由设计专业负责人以及建设、监理和施工单位的相关负责人签字确认后生效，不允许先施工后办理洽商。

设计单位如委托建设(监理)单位办理确认，应办理书面委托签字确认手续。

分包工程的工程洽商记录，应通过总包审查后办理。

四、工程项目原材料、构配件、成品、半成品和设备的出厂合格证及进场检(试)验报告

合格证、试验报告的整理按工程进度为序进行，品种规格应满足设计要求，否则为合格证、试验报

告不全。材料检验报告是为了保证工程质量，对用于工程的材料进行有关指标测试，由试验单位出具试验证明文件，报告责任人签章必须齐全，有见证取样试验要求的必须进行见证取样试验。

五、施工试验记录和见证检测报告

施工试验记录是根据设计要求和规范规定进行试验，记录原始数据和计算结果，并取得试验结论的资料统称。见证检测报告是指在建设单位或工程监理单位人员的见证下，由施工单位的现场试验人员对工程中涉及结构安全的试块、试件和材料在现场取样，并送至经过省级以上建设行政主管部门对其资质认可和质量技术监督部门对其计量认证的质量检测单位进行检测，并由检测单位出具的检测报告。

六、隐蔽工程验收记录文件

隐蔽工程验收记录是指为下道工序所隐蔽的工程项目，关系到结构性能和使用功能的重要部位或项目的隐蔽检查记录。隐蔽工程检查是保证工程质量与安全的重要过程控制检查记录，应分专业、分系统、分区段、分部位、分工序、分层进行。隐蔽工程未经过检查或验收未通过，不允许进行下一道工序的施工。

隐蔽工程验收记录资料要求如下：

验收时，施工单位必须附有关检验批质量验收及测试资料，包括原材料试（化）验单、质量验收记录、出厂合格证等，以备查验。

需要进行处理的，处理后必须进行复验，并且办理复验手续，填写复验记录，并做出复验结论。

工程具备隐检条件后，由施工员填写隐蔽工程验收记录，由质检员提前一天报请监理单位，验收时由专业技术负责人组织施工员、质量检查员共同参加，验收后由监理单位专业监理工程师签署验收意见及验收结论，并签字盖章。

七、技术复核文件

技术复核是指每分项工程在施工之前先检查把关，由专业人员把每一项工序作自检后再由质量检查人员最后复验检查它是保证质量、防止发生差错的重要措施，是施工单位在施工前或施工过程中对工程的施工质量和管理人员的工作质量进行检查的一项重要工作，是防止施工中的差错保证工程质量、预防质量事故发生的一项有效的技术管理制度。有的重大差错往往在复核中发现，事故因而得以避免。因此复核的预防性十分明显，复核也就显得十分重要。在复核中提出的不符合质量要求的问题须认真进行复验到合格。

分部分项工程技术复核记录中技术复核的项目和内容与分部分项工程质量评定表相一致，质量标准与偏差限度栏内填写有关规范或质量评定标准规定的允许偏差值，质量偏差原因栏内填写产生偏差的原因，施工部门自检结果栏内填写施工负责人组织人员对该分部分项工程质量自查的结果，技术部门鉴定栏内填写质检员或技术员对施工自检进行复核的结果并由单位工程负责人和复核人分别签署意见。技术复核应该在下道工序施工前进行，技术复核日期应在下道工序施工之前。

八、检验批质量验收记录文件

检验批施工完成，施工单位自检合格后，应由项目专业质量检查员填报“______检验批质量验收记录表”，按照建设部施工质量验收系列标准表格执行。检验批质量验收应由监理工程师（建设单位项目专业技术负责人）组织项目专业质量检查员等进行验收并签认。检验批的划分原则：分项工程的检验批划分应便于质量控制和验收，划分的大小不能过分悬殊，能取得较完整的技术数据及检查记录，符合统一标准和配套施工质量验收规范规定。通常可根据施工及质量控制和专业验收需要按楼层、施工段、变形缝、系统或设备等进行划分。同时项目应在施工技术资料（如：施工组织设计、施工方案、方案技术交底）中预先明确工程各分项工程检验批的划分原则，使检验批质量验收更加合理化、规范化、科学化。

第三节　工程施工质量验收资料

工程施工质量验收资料是建设工程施工全过程中按照国家现行工程质量检验标准，对施工项目进行单位工程、分部工程、分项工程及检验批的划分，再由检验批、分项工程、分部工程、单位工程逐级对工程质量做出综合评定的工程质量验收资料。工程质量验收资料的建立应按相关的技术标准办理，具体内容如下。

一、施工现场质量管理检查记录

为督促工程项目做好施工前准备工作，建设工程应按一个标段或一个单位（子单位）工程检查填报施工现场质量管理记录。专业分包工程也应在正式施工前由专业施工单位填报施工现场质量管理检查记录。施工单位项目经理部应建立质量责任制度、现场管理制度及检验制度，健全质量管理体系，配备施工技术标准，审查资质证书、施工图、地质勘查资料和施工技术文件等。按规定，在开工前由施工单位现场负责人填写“施工现场质量管理检查记录”，报项目总监理工程师（或建设单位项目负责人）检查，并做出检查结论。

二、单位（子单位）工程质量竣工验收记录

在单位工程完成后，施工单位经自行组织人员检查验收，质量等级达到合格标准，并经项目监理机构复查认定质量等级合格后，向建设单位提交竣工验收报告及相关资料，由建设单位组织单位工程验收的记录，且单位（子单位）工程质量控制资料核查记录、单位（子单位）工程安全和功能检验资料核查及主要功能抽查记录、单位（子单位）工程观感质量检查记录相关内容应齐全并均符合规范规定的要求。

三、分部（子分部）工程质量验收记录文件

分部（子分部）工程完成，施工单位自检合格后，应填报“______分部（子分部）工程质量验收记录表”，由总监理工程师（建设单位项目负责人）组织有关设计单位及施工单位项目负责人（项目经理）和技术、质量负责人等到场共同验收并签认。分部工程按部位和专业性质确定。

四、分项工程质量验收记录文件

分项工程完成（即分项工程所包含的检验批均已完工），施工单位自检合格后，应填报“______分

项工程质量验收记录表”，由监理工程师（建设单位项目专业技术负责人）组织项目专业技术负责人进行验收并签认。分项工程按工种、材料、施工工艺、设备类别等划分。

第四节　竣工图

竣工图是指工程竣工验收后，真实反映建设工程项目施工结果的图样。它是真实、准确、完整反映和记录各种地下和地上建筑物、构筑物等详细情况的技术文件，是工程竣工验收、投产或交付使用后进行维修、扩建、改建的依据，是生产（使用）单位必须长期妥善保存和进行备案的重要工程档案资料。竣工图的编制整理、审核盖章、交接验收按国家对竣工图的要求办理。承包人应根据施工合同约定，提交合格的竣工图。竣工图编制要求如下：

各项新建、扩建、改建、技术改造、技术引进项目，在项目竣工时要编制竣工图。项目竣工图应由施工单位负责编制。如行业主管部门规定设计单位编制或施工单位委托设计单位编制竣工图的，应明确规定施工单位和监理单位的审核和签认责任。

竣工图应完整、准确、清晰、规范、修改到位，真实反映项目竣工验收时的实际图章。

如果按施工图施工没有变动的，由竣工图编制单位在施工图上加盖并签署竣工图章。

一般性图纸变更及符合杠改或划改要求的变更，可在原图上更改，加盖并签署竣工图章。

涉及结构形式、工艺、平面布置、项目等重大改变及图面变更面积超过35%的，应重新绘制竣工图。重绘图案原图编号，末尾加注“竣”字，或在新图图标内注明“竣工阶段”并签署竣工图章。

同一建筑物、构筑物重复的标准图，通用图可不编入竣工图中，但应在图纸目录中列出图号，指明该图所在位置并在编制说明中注明；不同建筑物、构筑物应分别编制。

竣工图图幅应按《技术制图复制图的折叠方法》（GB/T10609.3）要求统一折叠。

编制竣工图总说明及各专业的编制说明，叙述竣工图编制原则、各专业目录及编制情况。

思考题

1. 简述工程施工技术管理资料的收集与整理。
2. 简述工程质量控制资料的收集与整理。
3. 简述工程施工质量验收资料的收集与整理。

附　　录

附录 A　建筑装饰装修工程评价汇总表

工程名称：________________　　申报单位：________________

序号	检查项目	应得分	实得分
1	施工现场质量保证条件	10	
2	性能检测	20	
3	质量记录	20	
4	尺寸偏差及限值实测	10	
5	观感质量	40	
6	合计	(100)	

工程评分 P：
加分值(F)：

$$P=\frac{实得分}{应得分}\times 100+F=$$

监理(或业主)：　　　　评价人员：　　　　年　　月　　日

附录B　建筑装饰装修施工现场质量保证条件评分表

<table>
<tr><td>工程名称</td><td colspan="4"></td><td>检查日期</td><td colspan="2">年　月　日</td></tr>
<tr><td>施工单位</td><td colspan="7"></td></tr>
<tr><td rowspan="2">序号</td><td rowspan="2" colspan="2">检查项目</td><td rowspan="2">应得分</td><td colspan="3">判定结果</td><td rowspan="2">实得分</td></tr>
<tr><td>100%</td><td>85%</td><td>70%</td></tr>
<tr><td>1</td><td>施工现场质量管理及质量责任制度</td><td>现场组织机构、质保体系、材料、设备进场验收制度、抽样检验制度，岗位责任制及奖罚制度</td><td>30</td><td></td><td></td><td></td><td></td></tr>
<tr><td>2</td><td colspan="2">施工操作标准及质量验收规范配置</td><td>30</td><td></td><td></td><td></td><td></td></tr>
<tr><td>3</td><td colspan="2">施工组织设计、施工方案</td><td>20</td><td></td><td></td><td></td><td></td></tr>
<tr><td>4</td><td colspan="2">质量目标及措施</td><td>20</td><td></td><td></td><td></td><td></td></tr>
<tr><td>检查结果</td><td colspan="7">权重值10分。

施工现场质量保证条件评分 $=\frac{\text{实得分}}{\text{应得分}}\times 10=$

评价人员：　　　　　　年　月　日</td></tr>
</table>

附录C 建筑装饰装修工程性能检测评分表

<table>
<tr><td>工程名称</td><td colspan="3"></td><td colspan="2">检查日期</td><td>年 月 日</td></tr>
<tr><td>施工单位</td><td colspan="6"></td></tr>
<tr><td rowspan="2">序号</td><td rowspan="2">检查项目</td><td rowspan="2">应得分</td><td colspan="2">判定结果</td><td rowspan="2" colspan="2">实得分</td></tr>
<tr><td>100%</td><td>70%</td></tr>
<tr><td>1</td><td>建筑主体证明文件;承重结构改动,增加结构荷载时,结构设计及有关单位的认可文件</td><td>40</td><td></td><td></td><td colspan="2"></td></tr>
<tr><td>2</td><td>室内环境污染检测</td><td>30</td><td></td><td></td><td colspan="2"></td></tr>
<tr><td>3</td><td>消防验收证明</td><td>30</td><td></td><td></td><td colspan="2"></td></tr>
<tr><td>检查结果</td><td colspan="6">权重值20分

装饰装修工程性能检测评分$=\frac{\text{实得分}}{\text{应得分}}\times 20=$

评价人员:　　　　年 月 日</td></tr>
</table>

附录D 建筑装饰装修工程质量记录评分表

<table>
<tr><td colspan="2">工程名称</td><td colspan="3"></td><td colspan="2">检查日期</td><td>年 月 日</td></tr>
<tr><td colspan="2">施工单位</td><td colspan="6"></td></tr>
<tr><td rowspan="2">序号</td><td rowspan="2" colspan="2">检查项目</td><td rowspan="2">应得分</td><td colspan="3">判定结果</td><td rowspan="2">实得分</td></tr>
<tr><td>100%</td><td>85%</td><td>70%</td></tr>
<tr><td rowspan="2">1</td><td rowspan="2">材料合格证、进场验收记录</td><td>主要装饰装修材料合格证、检测报告及复试报告</td><td>5</td><td></td><td></td><td></td><td></td></tr>
<tr><td>有环境质量要求的材料合格证、进场验收记录及复试报告</td><td>5</td><td></td><td></td><td></td><td></td></tr>
<tr><td rowspan="6">2</td><td rowspan="6">施工记录及记录</td><td>地面工程施工记录及相关试验</td><td>15</td><td></td><td></td><td></td><td></td></tr>
<tr><td>墙面工程施工记录及相关试验</td><td>15</td><td></td><td></td><td></td><td></td></tr>
<tr><td>吊顶工程施工记录及相关试验</td><td>15</td><td></td><td></td><td></td><td></td></tr>
<tr><td>门窗工程施工记录及相关试验</td><td>15</td><td></td><td></td><td></td><td></td></tr>
<tr><td>细部工程施工记录及相关试验</td><td>15</td><td></td><td></td><td></td><td></td></tr>
<tr><td>建筑装饰装修安装工程施工记录及相关试验</td><td>15</td><td></td><td></td><td></td><td></td></tr>
<tr><td>检查结果</td><td colspan="7">权重值20分

装饰装修工程质量记录评分 $=\frac{\text{实得分}}{\text{应得分}}\times 20=$

评价人员： 年 月 日</td></tr>
</table>

参考文献

[1] 住房和城乡建设部. 建筑工程施工质量验收统一标准(GB50300—2013)[M]. 北京:中国建筑工业出版社,2013.

[2] 住房和城乡建设部. 建筑装饰装修工程质量验收规范(GB50210—2018)[M]. 北京:中国建筑工业出版社,2018.

[3] 浙江省住房和城乡建设厅. 建筑装饰装修工程质量评价标准(DB33/T 1077—2011)[M]. 杭州:浙江工商大学出版社,2011.

[4] 住房和城乡建设部. 金属与石材幕墙工程技术规范(JGJ133—2001)[M]. 北京:中国建筑工业出版社,2001.

[5] 住房和城乡建设部. 玻璃幕墙工程技术规范(JGJ102—2003)[M]. 北京:中国建筑工业出版社,2003.

[6] 山西省建设厅. 屋面工程质量验收规范(GB50207—2012)[M]. 北京:中国建筑工业出版社,2012.

[7] 江苏省建设厅. 建筑地面工程施工质量验收规范(GB50209—2010)[M]. 北京:中国计划出版社,2010.

[8] 住房和城乡建设部. 民用建筑工程室内环境污染控制规范(GB50325—2010)[M]. 北京:中国计划出版社,2010.

[9] 浙江省住房和城乡建设厅. 民用建筑装饰装修工程室内环境检测与验收规范(DB33/T1084—2011)[M]. 杭州:浙江工商大学出版社,2011.

[10] 住房和城乡建设部. 建筑内部装修防火施工及验收规范(GB50354—2005)[M]. 北京:中国计划出版社,2005.

[11] 住房和城乡建设部. 建筑节能工程施工质量验收规范(GB50411—2007)[M]. 北京:中国建筑工业出版社,2007.

[12] 住房和城乡建设部. 建筑玻璃应用技术规程(JGJ113—2015)[M]. 北京:中国建筑工业出版社,2015.

[13] 朱吉顶. 质量员岗位知识与专业技能[M]. 北京:中国建筑工业出版社,2013.

[14] 危道军. 施工员岗位知识与专业技能[M]. 北京:中国建筑工业出版社,2013.

[15] 胡兴福,宋岩丽. 材料员通用与基础知识[M]. 北京:中国建筑工业出版社,2013.

[16] 刘正权. 建筑幕墙检测(第一版)[M]. 北京:中国计量出版社,2007.

[17] 张鸿. 质量员专业管理实务[M]. 北京:中国电力出版社,2012.

[18] 全国一级建造师职业资格考试用书编写委员会. 建设工程项目管理[M]. 北京:中国建筑工业出版社,2011.

[19] 全国二级建造师职业资格考试用书编写委员会. 建设工程法规及相关知识[M]. 北京:中国建筑工业出版社,2010.

[20] 张鸿. 质量员专业管理实务[M]. 北京:中国电力出版社,2012.

[21] 程桢. 建筑工程质量管理与质量控制[M]. 北京:中国质检出版社,2010.